例解钢筋工程实用技术系列

例解钢筋下料方法

LIJIE GANGJIN XIALIAO FANGFA

主编◎李守巨

知识产权出版社
全国百佳图书出版单位

图书在版编目（CIP）数据

例解钢筋下料方法 / 李守巨主编 . —北京 ：知识产权出版社，2016.6
（例解钢筋工程实用技术系列）
ISBN 978-7-5130-3656-6

Ⅰ.①例… Ⅱ.①李… Ⅲ.①钢筋混凝土结构—结构计算—图解 Ⅳ.①TU375.01-64

中国版本图书馆 CIP 数据核字（2015）第 160746 号

内容提要

本书根据《11G101-1》《11G101-2》《11G101-3》《12G901-1》《12G901-2》《12G901-3》六本最新图集及《混凝土结构设计规范》（GB 50010—2010）、《建筑抗震设计规范》（GB 50011—2010）编写。共分为六章，包括：钢筋下料基本公式、梁构件钢筋下料、柱构件钢筋下料、剪力墙构件钢筋下料、板构件钢筋下料以及梁板式基础钢筋下料。

本书内容丰富、通俗易懂、实用性强、方便查阅。可供建筑设计、管理人员和施工人员以及相关专业大中专的师生学习参考。

责任编辑：段红梅 刘 爽　　　　责任校对：谷 洋
封面设计：刘 伟　　　　　　　　责任出版：刘译文

例解钢筋工程实用技术系列

例解钢筋下料方法

李守巨 主编

出版发行	知识产权出版社 有限责任公司	网　址：http://www.ipph.cn	
社　　址：北京市海淀区西外太平庄 55 号		邮　编：100081	
责编电话：010-82000860 转 8125		责编邮箱：39919393@qq.com	
发行电话：010-82000860 转 8101/8102		发行传真：010-82000893/82005070/82000270	
印　　刷：北京富生印刷厂		经　销：各大网络书店、新华书店及相关专业书店	
开　　本：787mm×1092mm　1/16		印　张：10.25	
版　　次：2016 年 6 月第 1 版		印　次：2016 年 6 月第 1 次印刷	
字　　数：256 千字		定　价：35.00 元	

ISBN 978-7-5130-3656-6

本书编写组成员

主　编　李守巨

参　编　徐　鑫　于　涛　王丽娟　成育芳
　　　　刘艳君　孙丽娜　何　影　李春娜
　　　　赵　慧　陶红梅　夏　欣　王馨霖

前　　言

钢筋下料是指确定制作某个钢筋构件所需的材料形状、数量或质量后，从整根钢筋中取下一定形状、数量或质量的钢筋进行加工的操作过程。钢筋下料是非常重要的经济性工作，是降低施工材料的消耗，提高施工行业的产值及利润率的一项重要内容。随着建筑业的不断发展，各种结构类型将呈现在人们面前，各种新型材料也会用于建筑工程之中，但钢筋混凝土工程始终都会有它的一席之地。抓好钢筋工程的管理，应用新的技术方法和工具，不断提高工程质量，降低工程成本是建筑从业人员的基本追求。基于此，我们组织编写了此书，方便相关工作人员学习平法钢筋下料知识。

本书根据《11G101-1》《11G101-2》《11G101-3》《12G901-1》《12G901-2》《12G901-3》六本最新图集及《混凝土结构设计规范》(GB 50010—2010)、《建筑抗震设计规范》(GB 50011—2010) 编写。共分为六章，包括：钢筋下料基本公式、梁构件钢筋下料、柱构件钢筋下料、剪力墙构件钢筋下料、板构件钢筋下料以及梁板式基础钢筋下料。本书把相关内容板块化独立出来，便于读者快速查找。本书可供建筑设计、管理人员和施工人员以及相关专业大中专的师生学习参考。

由于编写时间仓促，编者经验、理论水平有限，难免有疏漏、不足之处，敬请广大读者给予批评、指正。

编　者

目　　录

1

钢 筋 下 料 基 本 公 式

1.1　外皮差值计算公式

常遇问题

1. 什么是外皮差值?
2. 根据外皮差值公式如何求证30°、45°、60°、90°、135°、180°弯曲钢筋外皮差值的系数?

【下料方法】

◆外皮尺寸

结构施工图中所标注的钢筋尺寸,是钢筋的外皮尺寸。外皮尺寸是指结构施工图中钢筋外边缘至结构外边缘之间的长度,是施工中度量钢筋长度的基本依据。它和钢筋的下料尺寸是不一样的。

钢筋材料明细表(表1-1)中简图栏的钢筋长度 L_1,如图1-1所示。L_1 是出于构造的需要标注的,所以钢筋材料明细表中所标注的尺寸是外皮尺寸。通常情况下,钢筋的边界线是从钢筋外皮到混凝土外表面的距离(保护层厚度)来考虑标注钢筋尺寸的。故这里所指的 L_1 是设计尺寸,不是钢筋加工下料的施工尺寸,如图1-2所示。

表1-1　　　　　　　　　　　　　钢筋材料明细表

钢筋编号	简图	规格	数量
①	L_2　L_1　L_2	$\phi22$	2

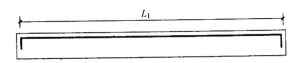

图1-1　表1-1的钢筋长度

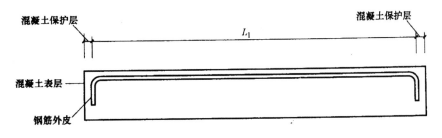

图1-2　设计尺寸

◆**外皮差值概念**

如图1-3所示是结构施工图上90°弯折处的钢筋，它是沿外皮（$xy+yz$）衡量尺寸的。而如图1-4所示弯曲处的钢筋，则是沿钢筋的中和轴（钢筋被弯曲后，既不伸长也不缩短的钢筋中心线）ab弧线的弧长衡量尺寸的。因此，折线（$xy+yz$）的长度与弧线的弧长ab之间的差值，称为"外皮差值"，$xy+yz>ab$。外皮差值通常用于受力主筋的弯曲加工下料计算。

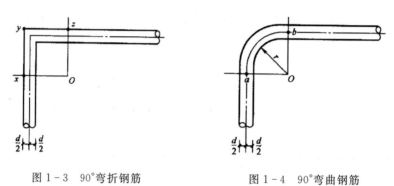

图1-3 90°弯折钢筋　　　　　　　图1-4 90°弯曲钢筋

◆**角度基准**

钢筋弯曲前的原始状态——笔直的钢筋为0°。这个0°的钢筋轴线，就是"角度基准"，如图1-5所示。弯折后的钢筋轴线与弯折以前的钢筋轴线所形成的角度即为加工弯曲角度。

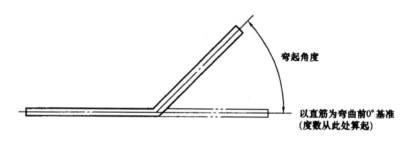

图1-5 角度基准

◆**小于或等于90°钢筋弯曲外皮差值计算公式**

如图1-6所示，钢筋的直径大小为d；钢筋弯曲的加工半径为R。钢筋加工弯曲后，钢筋内皮pq间弧线，就是以R为半径的弧线，设钢筋弯折的角度为α。

自O点引垂直线交水平钢筋外皮线于x点，再从O点引垂直线交倾斜钢筋外皮线于z点。$\angle xOz$等于α。Oy平分$\angle xOz$，因此$\angle xOy$、$\angle zOy$均为$\alpha/2$。

如前所述，钢筋加工弯曲后，其中心线的长度是不变的。（$xy+yz$）的展开长度，同弧线ab的展开长度之差，即为所求的差值。

$$|\overline{xy}| = |\overline{yz}| = (R+d)\times\tan\frac{\alpha}{2}$$

$$|\overline{xy}| + |\overline{yz}| = 2\times(R+d)\times\tan\frac{\alpha}{2}$$

$$\overset{\frown}{ab} = \left(R+\frac{d}{2}\right)\times a$$

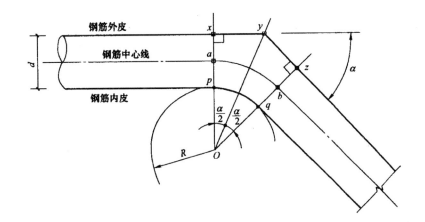

图 1-6 小于或等于 90°钢筋弯曲外皮差值计算示意图

$$|\overline{xy}|+|\overline{yz}|-\overset{\frown}{ab}=2\times(R+d)\times\tan\frac{\alpha}{2}-\left(R+\frac{d}{2}\right)\times a$$

以角度 α、弧度 a 和 R 为变量计算的外皮差值公式为

$$2\times(R+d)\times\tan\frac{\alpha}{2}-\left(R+\frac{d}{2}\right)\times a \qquad (1-1)$$

式中　α——角度，单位为"度（°）"；

　　　a——弧度。

用角度 α 换算弧度 a 的公式如下：

$$弧度=\pi\times\frac{角度}{180°}\left(即\ a=\pi\times\frac{\alpha}{180°}\right) \qquad (1-2)$$

将式（1-1）中弧度换算成角度，即

$$2\times(R+d)\times\tan\frac{\alpha}{2}-\left(R+\frac{d}{2}\right)\times\pi\times\frac{\alpha}{180°} \qquad (1-3)$$

◆ 常用钢筋加工弯曲半径的设定

常用钢筋加工弯曲半径应符合表 1-2 的规定。

表 1-2　　　　　　　　　常用钢筋加工弯曲半径 R

钢筋用途	钢筋加工弯曲半径 R
HPB300 级箍筋、拉筋	2.5d（箍筋直径）且 >d（主筋直径）/2
HPB300 级主筋	≥1.25d
HRB335 级主筋	≥2d
HRB400 级主筋	≥2.5d
平法框架主筋直径 d≤25mm	4d
平法框架主筋直径 d>25mm	6d
平法框架顶层边节点主筋直径 d≤25mm	6d
平法框架顶层边节点主筋直径 d>25mm	8d
轻骨料混凝土结构构件 HPB300 级主筋	≥1.75d

◆**标注钢筋外皮尺寸的差值**

下面根据外皮差值公式求证 $30°$、$45°$、$60°$、$90°$、$135°$、$180°$ 弯曲钢筋外皮差值的系数。

(1) 根据图 $1-6$ 原理求证，当 $R=2.5d$ 时，$30°$钢筋的外皮差值系数：

$$30°外皮差值 = 2 \times (R+d) \times \tan\frac{\alpha}{2} - \left(R+\frac{d}{2}\right) \times \pi \times \frac{\alpha}{180°}$$

$$= 2 \times (2.5d+d) \times \tan\frac{30°}{2} - \left(2.5d+\frac{d}{2}\right) \times \pi \times \frac{30°}{180°}$$

$$= 2 \times 3.5d \times 0.2679 - 3d \times 3.1416 \times \frac{1}{6}$$

$$= 1.8753d - 1.5708d$$

$$\approx 0.305d$$

(2) 根据图 $1-6$ 原理求证，当 $R=2.5d$ 时，$45°$钢筋的外皮差值系数：

$$45°外皮差值 = 2 \times (R+d) \times \tan\frac{\alpha}{2} - \left(R+\frac{d}{2}\right) \times \pi \times \frac{\alpha}{180°}$$

$$= 2 \times (2.5d+d) \times \tan\frac{45°}{2} - \left(2.5d+\frac{d}{2}\right) \times \pi \times \frac{45°}{180°}$$

$$= 2 \times 3.5d \times 0.4142 - 3d \times 3.1416 \times \frac{1}{4}$$

$$= 2.8994d - 2.3562d$$

$$\approx 0.543d$$

(3) 根据图 $1-6$ 原理求证，当 $R=2.5d$ 时，$60°$钢筋的外皮差值系数：

$$60°外皮差值 = 2 \times (R+d) \times \tan\frac{\alpha}{2} - \left(R+\frac{d}{2}\right) \times \pi \times \frac{\alpha}{180°}$$

$$= 2 \times (2.5d+d) \times \tan\frac{60°}{2} - \left(2.5d+\frac{d}{2}\right) \times \pi \times \frac{60°}{180°}$$

$$= 2 \times 3.5d \times 0.5774 - 3d \times 3.1416 \times \frac{1}{3}$$

$$= 4.0418d - 3.1416d$$

$$\approx 0.9d$$

(4) 根据图 $1-6$ 原理求证，当 $R=2.5d$ 时，$90°$钢筋的外皮差值系数：

$$90°外皮差值 = 2 \times (R+d) \times \tan\frac{\alpha}{2} - \left(R+\frac{d}{2}\right) \times \pi \times \frac{\alpha}{180°}$$

$$= 2 \times (2.5d+d) \times \tan\frac{90°}{2} - \left(2.5d+\frac{d}{2}\right) \times \pi \times \frac{90°}{180°}$$

$$= 2 \times 3.5d \times 1 - 3d \times 3.1416 \times \frac{1}{2}$$

$$= 7d - 4.7124d$$

$$\approx 2.288d$$

(5) 根据图 $1-6$ 原理求证，当 $R=2.5d$ 时，$135°$钢筋的外皮差值系数，在此可以把 $135°$ 看做是 $90°+45°$。

上面已经求出 $90°$钢筋的外皮差值系数为 $2.288d$，$45°$钢筋的外皮差值系数为 $0.543d$，所以 $135°$钢筋的外皮差值系数为 $2.288d+0.543d=2.831d$。

（6）根据图 1-6 原理求证，当 $R=2.5d$ 时，180°钢筋的外皮差值系数，在此可以把 180°看做是 90°+90°。

上面已经求出 90°钢筋的外皮差值系数为 2.288d，所以 180°钢筋的外皮差值系数为 $2\times 2.288d=4.576d$。

在此，不再一一求证计算。为便于查找，标注钢筋外皮尺寸的差值表见表 1-3。

表 1-3　　　　　　　　　　　钢筋外皮尺寸的差值

弯曲角度	HPB300级主筋	轻骨料中HPB300级主筋	HRB335级主筋	HRB400级主筋	箍筋	平法框架主筋		
	$R=1.25d$	$R=1.75d$	$R=2d$	$R=2.5d$	$R=2.5d$	$R=4d$	$R=6d$	$R=8d$
30°	0.29d	0.296d	0.299d	0.305d	0.305d	0.323d	0.348d	0.372d
45°	0.49d	0.511d	0.522d	0.543d	0.543d	0.608d	0.694d	0.78d
60°	0.765d	0.819d	0.846d	0.9d	0.9d	1.061d	1.276d	1.491d
90°	1.751d	1.966d	2.073d	2.288d	2.288d	2.931d	3.79d	4.648d
135°	2.24d	2.477d	2.595d	2.831d	2.831d	3.539d	4.484d	5.428d
180°	3.502d	3.932d	4.146d	4.576d	4.576d			

注：　1. 135°和 180°的差值必须具备准确的外皮尺寸值。

　　　2. 平法框架主筋 $d\leqslant25mm$ 时，$R=4d$（$6d$）；$d>25mm$ 时，$R=6d$（$8d$）。括号内为顶层边节点要求。

135°钢筋的弯曲差值，要绘出其外皮线，如图 1-7 所示。外皮线的总长度为 $wx+xy+yz$，下料长度为 $wx+xy+yz-135°$的差值。按如图 1-6 所示推导算式：

$$90°弯钩的展开弧线长度 = 2\times(R+d)+2\times(R+d)\times\tan\frac{\alpha}{2}$$

$$则：下料长度 = 2\times(R+d)+2\times(R+d)\times\tan\frac{\alpha}{2}-135°的差值 \qquad (1-4)$$

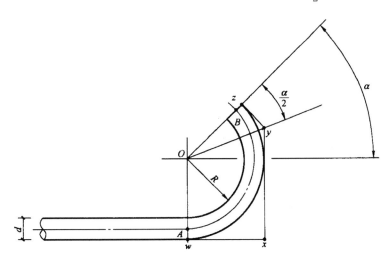

图 1-7　135°钢筋的弯曲差值计算示意图

按《混凝土结构工程施工质量验收规范（2010 版）》（GB 50204—2002）要求，钢筋的加工弯曲直径取 $D=5d$ 时，求得各弯折角度的量度近似差值，见表 1-4。

表 1-4		钢筋弯折量度近似差值		
弯折角度	30°	45°	60°	90°	135°
量度差值	0.3d	0.5d	1.0d	2.0d	3.0d

【实 例】

【例 1-1】 看下面钢筋材料明细表。已知钢筋属于非框架结构，用 HRB335 级主筋制作，其标注尺寸为外皮尺寸。

试计算钢筋的下料长度。

钢筋编号	简图/mm	规格 d/mm	数量/根
①	400 ⌐——8000——⌐ 400	Φ25	3

【解】

查表 1-2 可知，钢筋加工弯曲半径 $R=2d$，从明细表简图可以看出，角度 $\alpha=90°$。

每根钢筋下料长度 $=8+0.4\times2-2\times2.073d$

$\qquad\qquad =8+0.8-2\times2.073\times0.025$

$\qquad\qquad \approx8.70(m)$

钢筋的总下料长度 $=8.70\times3$

$\qquad\qquad =26.1(m)$

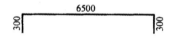

图 1-8 钢筋表中的简图

【例 1-2】 图 1-8 为钢筋表中的简图。并且已知钢筋是非框架结构构件 HPB300 级主筋，直径 $d=22mm$。求钢筋加工弯曲前，所需备料切下的实际长度。

【解】

(1) 查表 1-2，得知钢筋加工弯曲半径 $R=1.25d$、$d=22mm$。

(2) 由图 1-8 知，$\alpha=90°$。

(3) 计算与 $\alpha=90°$ 相对应的弧度值 $a=\dfrac{\pi\times90°}{180°}=1.57$。

(4) 将 $R=1.25d$、$d=22$、角度 $\alpha=90°$ 和弧度 $a=1.57$ 代入式 (1-1) 中，求一个 90°弯钩的差值为：

$$2\times(1.25\times22+22)\times\tan\left(\frac{90°}{2}\right)-\left(1.25\times22+\frac{22}{2}\right)\times1.57$$

$$=99\times1-60.445$$

$$=38.555(mm)$$

(5) 下料长度为：

$$6500+300+300-2\times38.555=7022.9(mm)$$

1.2　内皮差值计算公式

常遇问题

1. 什么是内皮差值?

2. 根据内皮差值公式如何求证30°、45°、60°、90°、135°、180°弯曲钢筋内皮差值的系数?

【下料方法】

◆内皮差值概念

图1-9所示是结构施工图上90°弯折处的钢筋,它是沿内皮($xy+yz$)测量尺寸的。而图1-10所示弯曲处的钢筋,则是沿钢筋的中和轴弧线ab测量尺寸的。因此,折线($xy+yz$)的长度与弧线的弧长ab之间的差值,称为"内皮差值"。($xy+yz$)>ab,即90°内皮折线($xy+yz$)仍然比弧线ab长。内皮差值通常用于箍筋弯曲加工下料的计算。

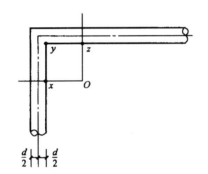
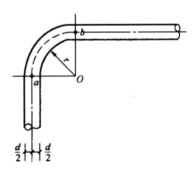

图1-9　90°弯折钢筋　　　　　　图1-10　90°弯曲钢筋

◆小于或等于90°钢筋弯曲内皮差值计算公式

小于或等于90°钢筋弯曲内皮差值计算示意图如图1-11所示。

折线的长度 $$\overline{XY}=\overline{YZ}=R\times\tan\frac{\alpha}{2}$$

二折线之和的展开长度 $$\overline{XY}+\overline{YZ}=2\times R\times\tan\frac{\alpha}{2}$$

弧线展开长度 $$\overparen{AB}=\left(R+\frac{d}{2}\right)\times\pi\times\frac{\alpha}{180°}$$

以角度α和R为变量计算内皮差值公式:

$$\overline{XY}+\overline{YZ}-\overparen{AB}=2\times R\times\tan\frac{\alpha}{2}-\left(R+\frac{d}{2}\right)\times\pi\times\frac{\alpha}{180°} \tag{1-5}$$

◆标注钢筋内皮尺寸的差值

下面根据内皮差值公式求证30°、45°、60°、90°、135°、180°弯曲钢筋内皮差值的系数。

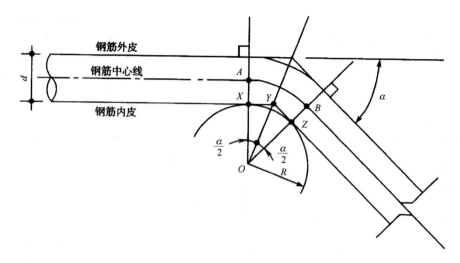

图 1-11 小于或等于 90°钢筋弯曲内皮差值计算示意图

（1）根据图 1-11 原理求证，当 $R=2.5d$ 时，30°钢筋的内皮差值系数：

$$30°内皮差值系数 = 2 \times R \times \tan\frac{\alpha}{2} - \left(R + \frac{d}{2}\right) \times \pi \times \frac{\alpha}{180°}$$

$$= 2 \times 2.5d \times \tan\frac{30°}{2} - \left(2.5d + \frac{d}{2}\right) \times \pi \times \frac{30°}{180°}$$

$$= 2 \times 2.5d \times 0.2679 - 3d \times 3.1416 \times \frac{1}{6}$$

$$= 1.3395d - 1.5708d$$

$$\approx -0.231d$$

（2）根据图 1-11 原理求证，当 $R=2.5d$ 时，45°钢筋的内皮差值系数：

$$45°内皮差值系数 = 2 \times R \times \tan\frac{\alpha}{2} - \left(R + \frac{d}{2}\right) \times \pi \times \frac{\alpha}{180°}$$

$$= 2 \times 2.5d \times \tan\frac{45°}{2} - \left(2.5d + \frac{d}{2}\right) \times \pi \times \frac{45°}{180°}$$

$$= 2 \times 2.5d \times 0.4142 - 3d \times 3.1416 \times \frac{1}{4}$$

$$= 2.071d - 2.3562d$$

$$\approx -0.285d$$

（3）根据图 1-11 原理求证，当 $R=2.5d$ 时，60°钢筋的内皮差值系数：

$$60°内皮差值系数 = 2 \times R \times \tan\frac{\alpha}{2} - \left(R + \frac{d}{2}\right) \times \pi \times \frac{\alpha}{180°}$$

$$= 2 \times 2.5d \times \tan\frac{60°}{2} - \left(2.5d + \frac{d}{2}\right) \times \pi \times \frac{60°}{180°}$$

$$= 2 \times 2.5d \times 0.5774 - 3d \times 3.1416 \times \frac{1}{3}$$

$$= 2.887d - 3.1416d$$

$$\approx -0.255d$$

（4）根据图 1-11 原理求证，当 $R=2.5d$ 时，90°钢筋的内皮差值系数：

$$90°内皮差值系数 = 2 \times R \times \tan\frac{\alpha}{2} - \left(R + \frac{d}{2}\right) \times \pi \times \frac{\alpha}{180°}$$

$$= 2 \times 2.5d \times \tan\frac{90°}{2} - \left(2.5d + \frac{d}{2}\right) \times \pi \times \frac{90°}{180°}$$

$$= 2 \times 2.5d \times 1 - 3d \times 3.1416 \times \frac{1}{2}$$

$$= 5d - 4.7124d$$

$$\approx 0.288d$$

（5）根据图 1-11 原理求证，当 $R = 2.5d$ 时，135°钢筋的内皮差值系数，在此可以把 135°看作是 90°+45°。

上面已经求出 90°钢筋的内皮差值系数为 $0.288d$，45°钢筋的内皮差值系数为 $-0.285d$，所以 135°钢筋的内皮差值系数为 $0.288d - 0.285d = 0.003d$。

（6）根据图 1-11 原理求证，当 $R = 2.5d$ 时，180°钢筋的内皮差值系数，在此可以把 180°看作是 90°+90°。

上面已经求出 90°钢筋的内皮差值系数为 $0.288d$，所以 180°钢筋的内皮差值系数为 $2 \times 0.288d = 0.576d$。

在此，不再一一求证计算。为便于查找，标注钢筋内皮尺寸的差值表见表 1-5。

表 1-5　　　　　　　　　　　　　钢筋内皮尺寸的差值

弯折角度	箍筋差值	弯折角度	箍筋差值
	$R = 2.5d$		$R = 2.5d$
30°	$-0.231d$	90°	$+0.288d$
45°	$-0.285d$	135°	$+0.003d$
60°	$-0.255d$	180°	$+0.576d$

【实　　例】

【例 1-3】　如下钢筋材料明细表。已知钢筋属于非框架结构，用 HRB335 级主筋制作，其标注尺寸为内皮尺寸。

试计算钢筋的下料长度。

钢筋编号	简图/mm	规格 d/mm	数量/根
①	400　　8000　　400	Φ25	3

【解】

查表 1-2 可知，钢筋加工弯曲半径 $R = 2d$，从明细表简图可以看出，角度 $\alpha = 90°$。

每根钢筋下料长度 $= 8 + 0.4 \times 2 + 2 \times 0.288d$

$$= 8 + 0.8 + 2 \times 0.288 \times 0.025$$

$$\approx 8.81(m)$$

钢筋的总下料长度＝8.81×3

＝26.43(m)

图1-12 钢筋表中的简图

【例1-4】 图1-12为钢筋表中的简图。并且已知钢筋是非框架结构构件 HPB300 级主筋，直径 $d=22$mm。求钢筋加工弯曲前，所需备料切下的实际长度。

【解】

(1) 查表 1-2，得知钢筋加工弯曲半径 $R=1.25d$、$d=22$mm。

(2) 由图 1-12 知，$\alpha=90°$。

(3) 计算与 $\alpha=90°$ 相对应的弧度值 $a=\dfrac{\pi \times 90°}{180°}=1.57$。

(4) 将 $R=1.25d$、$d=22$、角度 $\alpha=90°$ 和弧度 $a=1.57$ 代入式（1-5）中，求一个 90°弯钩的差值为：

$$2 \times (1.25 \times 22) \times \tan\left(\frac{90°}{2}\right) - \left(1.25 \times 22 + \frac{22}{2}\right) \times 1.57$$

$$=55-60.445$$

$$=-5.445(\text{mm})$$

(5) 下料长度为：

$$6456+278+278-2 \times 5.445=7001.11(\text{mm})$$

1.3 钢筋端部弯钩增加尺寸

常遇问题

1. 钢筋弯曲加工后的 135°端部弯钩标注尺寸如何计算？

2. 钢筋弯曲加工后的 180°端部弯钩标注尺寸如何计算？

【下料方法】

◆**135°钢筋端部弯钩尺寸标注方法**

钢筋端部弯钩是指大于 90°的弯钩。如图 1-13（a）所示，AB 弧线展开长度为 AB'，$BC=B'C'$ 为钩端的直线部分。从 A 点弯起，向上直到直线上端 C 点。展开后，即为线段 AC'。L' 是钢筋的水平部分，md 是钩端的直线部分长度，$R+d$ 是钢筋弯曲部分外皮的水平投影长度。如图 1-13（b）所示是施工图上简图尺寸注法。钢筋两端弯曲加工后，外皮间尺寸为 L_1。两端以外剩余的长度 $[AB+BC-(R+d)]$ 即为 L_2。

钢筋弯曲加工后外皮的水平投影长度 L_1 为

$$L_1=L'+2(R+d) \tag{1-6}$$

$$L_2=AB+BC-(R+d) \tag{1-7}$$

◆**180°钢筋端部弯钩尺寸标注方法**

如图 1-14（a）所示，AB 弧线展开长度为 AB'。$BC=B'C'$ 为钩端的直线部分。从 A 点弯

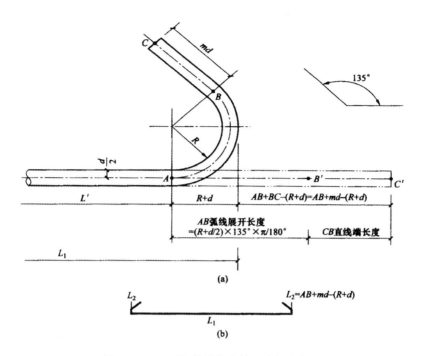

图 1-13 135°钢筋端部弯钩尺寸标注方法

起，向上直到直线上端 C 点。展开后，即为 AC' 线段。L' 是钢筋的水平部分，$R+d$ 是钢筋弯曲部分外皮的水平投影长度。如图 1-14 （b） 所示是施工图上简图尺寸注法。钢筋两端弯曲加工后，外皮间尺寸为 L_1。两端以外剩余的长度 $[AB+BC-(R+d)]$ 即为 L_2。

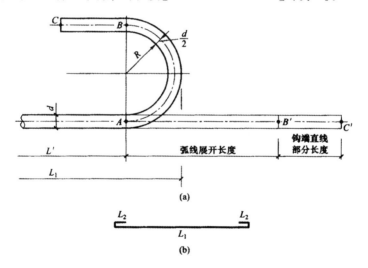

图 1-14 180°钢筋端部弯钩尺寸标注方法

钢筋弯曲加工后外皮的水平投影长度 L_1 为

$$L_1 = L' + 2(R+d) \qquad (1-8)$$

$$L_2 = AB + BC - (R+d) \qquad (1-9)$$

◆常用弯钩端部长度表

表1-6把钢筋端部弯钩处的30°、45°、60°、90°、135°和180°等几种情况，列成计算表格便于查阅。

表 1-6 　　　　　　　　　　　常用弯钩端部长度表

弯起角度	钢筋弧中心线长度	钩端直线部分长度	合 计 长 度
30°	$\left(R+\dfrac{d}{2}\right)\times 30°\times\dfrac{\pi}{180°}$	10d	$\left(R+\dfrac{d}{2}\right)\times 30°\times\dfrac{\pi}{180°}+10d$
		5d	$\left(R+\dfrac{d}{2}\right)\times 30°\times\dfrac{\pi}{180°}+5d$
		75mm	$\left(R+\dfrac{d}{2}\right)\times 30°\times\dfrac{\pi}{180°}+75mm$
45°	$\left(R+\dfrac{d}{2}\right)\times 45°\times\dfrac{\pi}{180°}$	10d	$\left(R+\dfrac{d}{2}\right)\times 45°\times\dfrac{\pi}{180°}+10d$
		5d	$\left(R+\dfrac{d}{2}\right)\times 45°\times\dfrac{\pi}{180°}+5d$
		75mm	$\left(R+\dfrac{d}{2}\right)\times 45°\times\dfrac{\pi}{180°}+75mm$
60°	$\left(R+\dfrac{d}{2}\right)\times 60°\times\dfrac{\pi}{180°}$	10d	$\left(R+\dfrac{d}{2}\right)\times 60°\times\dfrac{\pi}{180°}+10d$
		5d	$\left(R+\dfrac{d}{2}\right)\times 60°\times\dfrac{\pi}{180°}+5d$
		75mm	$\left(R+\dfrac{d}{2}\right)\times 60°\times\dfrac{\pi}{180°}+75mm$
90°	$\left(R+\dfrac{d}{2}\right)\times 90°\times\dfrac{\pi}{180°}$	10d	$\left(R+\dfrac{d}{2}\right)\times 90°\times\dfrac{\pi}{180°}+10d$
		5d	$\left(R+\dfrac{d}{2}\right)\times 90°\times\dfrac{\pi}{180°}+5d$
		75mm	$\left(R+\dfrac{d}{2}\right)\times 90°\times\dfrac{\pi}{180°}+75mm$
135°	$\left(R+\dfrac{d}{2}\right)\times 135°\times\dfrac{\pi}{180°}$	10d	$\left(R+\dfrac{d}{2}\right)\times 135°\times\dfrac{\pi}{180°}+10d$
		5d	$\left(R+\dfrac{d}{2}\right)\times 135°\times\dfrac{\pi}{180°}+5d$
		75mm	$\left(R+\dfrac{d}{2}\right)\times 135°\times\dfrac{\pi}{180°}+75mm$
180°	$\left(R+\dfrac{d}{2}\right)\times\pi$	10d	$\left(R+\dfrac{d}{2}\right)\times\pi+10d$
		5d	$\left(R+\dfrac{d}{2}\right)\times\pi+5d$
		75mm	$\left(R+\dfrac{d}{2}\right)\times\pi+75mm$
		3d	$\left(R+\dfrac{d}{2}\right)\times\pi+3d$

【实　　例】

【例1-5】 如图1-15所示，设纵向受力钢筋直径为d，加工180°端部弯钩；$R=1.25d$；钩端直线部分为md。当$m=3$时，问在施工图上，L_2值等于多少？

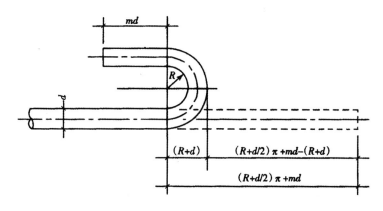

图 1-15 【例 1-5】图

【解】

$$L_2 = \left(R + \frac{d}{2}\right) \times \pi + md - (R + d)$$

代入 m、R 值，则

$$\left(1.25d + \frac{d}{2}\right) \times \pi + 3d - (1.25d + d)$$

$$= 1.75d\pi + 3d - 2.25d$$

$$\approx 6.25d$$

钢筋弯曲加工后的 180°端部弯钩标注尺寸为 $6.25d$，如图 1-16 所示。

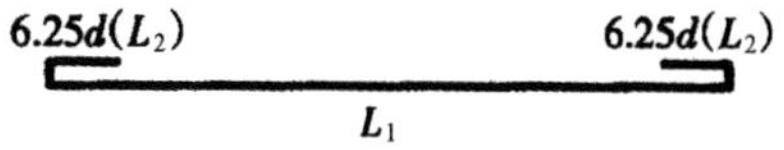

【例 1-6】 图 1-17 所示是具有标注外皮尺寸的 135° HPB300 级主筋弯钩，试求它的展开实长。

$6.25d(L_2)$ $6.25d(L_2)$

L_1

图 1-16

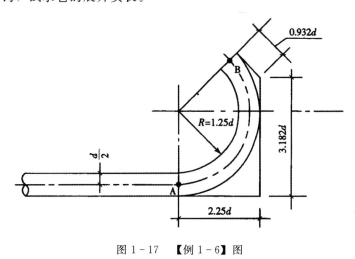

图 1-17 【例 1-6】图

【解】

利用三个外皮尺寸的和，减去外皮差值。查表 1-3 知外皮差值为 $2.24d$。

$$AB = 2.25d + 3.182d + 0.932d - 2.24d$$

$$= 4.124d$$

另从表 1 - 6 中，135°钢筋弧中心线长度栏可知，验证是正确的。

1.4   中心线法计算弧线展开长度

【下料方法】

◆**180°弯钩弧长**

如图 1 - 18 所示为 180°弯钩的展开图。

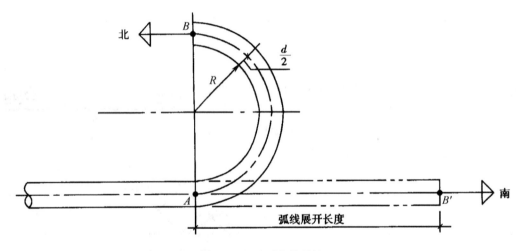

图 1 - 18   180°弯钩弧长

$$180°弯钩弧长 = \frac{180° \times \pi \times \left(R + \frac{d}{2}\right)}{180°} = \pi \times \left(R + \frac{d}{2}\right) \tag{1-10}$$

◆**135°弯钩弧长**

如图 1 - 19 所示为 135°弯钩的展开图。

$$135°弯钩弧长 = \frac{135° \times \pi \times \left(R + \frac{d}{2}\right)}{180°} = \frac{3\pi}{4} \times \left(R + \frac{d}{2}\right) \tag{1-11}$$

◆**90°弯钩弧长**

如图 1 - 20 所示为 90°弯钩的展开图。

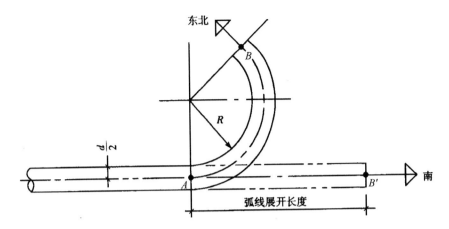

图 1－19　135°弯钩弧长

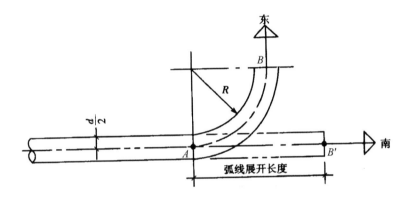

图 1－20　90°弯钩弧长

$$90°弯钩弧长＝\frac{90°×\pi×\left(R+\dfrac{d}{2}\right)}{180°}＝\frac{\pi}{2}×\left(R+\frac{d}{2}\right) \tag{1-12}$$

◆ **60°弯钩弧长**

如图 1－21 所示为 60°弯钩的展开图。

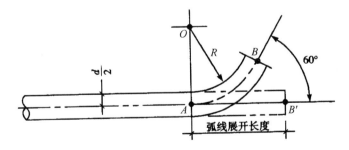

图 1－21　60°弯钩弧长

$$60°弯钩弧长＝\frac{60°×\pi×\left(R+\dfrac{d}{2}\right)}{180°}＝\frac{\pi}{3}×\left(R+\frac{d}{2}\right) \tag{1-13}$$

◆**45°弯钩弧长**

如图 1-22 所示为 45°弯钩的展开图。

$$45°弯钩弧长 = \frac{45° \times \pi \times \left(R + \dfrac{d}{2}\right)}{180°} = \frac{\pi}{4} \times \left(R + \frac{d}{2}\right) \tag{1-14}$$

◆**30°弯钩弧长**

如图 1-23 所示为 30°弯钩的展开图。

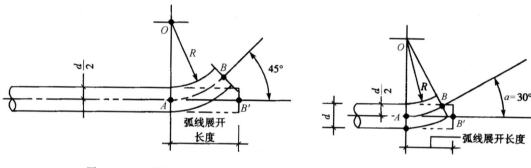

图 1-22 45°弯钩弧长   图 1-23 30°弯钩弧长

$$30°弯钩弧长 = \frac{30° \times \pi \times \left(R + \dfrac{d}{2}\right)}{180°} = \frac{\pi}{6} \times \left(R + \frac{d}{2}\right) \tag{1-15}$$

◆**圆环弧长**

如图 1-24 所示为圆环的展开图。

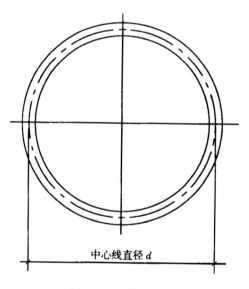

中心线直径 d

图 1-24 圆环弧长

$$圆环弧长 = \pi d \tag{1-16}$$

【实　例】

【例 1-7】　试分别用外皮法和中心线法计算 HRB400 级钢筋的弯钩长度。已知钢筋直径 $d=$ 15mm，$R=2.5d$，弯曲角度为 180°弯钩。

【解】

（1）用外皮法计算

从图 1-18 中可以得出：

外皮法 180°弯钩弧长 $=4\times(R+d)-180°$外皮差值

$\qquad\qquad\qquad =4\times(2.5d+d)-4.576d$

$\qquad\qquad\qquad =9.424d$

所以，弯钩长度 $=9.424\times0.015=0.141(\mathrm{m})$

（2）用中心线法计算

查表 1-6 可知

180°弯钩中心线长度 $=\left(R+\dfrac{d}{2}\right)\times\pi$

$\qquad\qquad\qquad\quad =3d\times\pi$

$\qquad\qquad\qquad\quad =9.42d$

所以，弯钩长度 $=9.42\times0.015=0.141$（m）

从例中可以看出，用外皮法和中心线法算出的结果是一样的。

【例 1-8】　如图 1-25 所示为 HPB300 级钢筋，已知标注的钢筋长度为外皮尺寸长度，钢筋直径 $d=25$mm，钢筋弯钩平直段长度为 $3d$，钢筋加工弯曲半径 $R=1.25d$。试计算钢筋的下料长度。

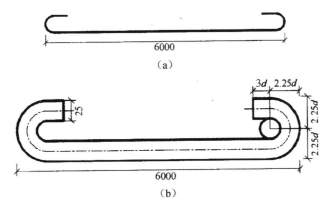

图 1-25　180°钢筋

（a）钢筋结构简图；（b）钢筋实样图

【解】

（1）用外皮差值法计算

下料长度 = 总长 +（$3\times2.25d$+弯钩平直段长度 $-180°$外皮差值）$\times2$ 个弯钩

查表 1-3 可知，180°外皮差值为 $3.502d$

下料长度 $=6+(3\times2.25d+3d-3.502d)\times2$

$$=6+12.496d$$

$$=6+12.496\times0.025$$

$$\approx6.31(m)$$

（2）用中心线法计算

查表1-6可知，180°弯钩中心线长度$=\left(R+\dfrac{d}{2}\right)\times\pi+3d$

$$下料长度=6+\left[\left(R+\dfrac{d}{2}\right)\times\pi+3d-(R+d)\right]\times2$$

$$=6+\left[\left(1.25d+\dfrac{d}{2}\right)\times\pi+3d-(1.25d+d)\right]\times2$$

$$=6+(1.75\pi d+3d-2.25d)\times2$$

$$=6+12.497d$$

$$=6+12.497\times0.025$$

$$\approx6.31(m)$$

从例中可以看出，用外皮法和中心线法算出的结果是一样的。

【例1-9】 如图1-26所示，已知拉筋的钢筋种类为HPB300级钢筋，钢筋直径$d=10mm$，拉筋的弯起角度为135°，弯钩端部的平直段为$5d$，加工弯曲半径$R=2.5d$。试计算钢筋的下料长度。

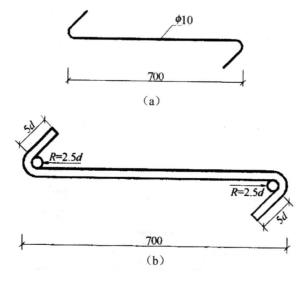

图1-26 135°拉筋

(a) 钢筋结构简图；(b) 钢筋实样图

【解】

根据中心线法计算：

查表1-6可知，135°弯钩中心线长度$=\dfrac{3}{4}\pi\left(R+\dfrac{d}{2}\right)$

钢筋下料长度=总外皮长度$+\left[\dfrac{3}{4}\pi\left(R+\dfrac{d}{2}\right)+5d-(R+d)\right]\times2$

$$=0.7+\left[\frac{3}{4}\pi\left(2.5d+\frac{d}{2}\right)+5d-(2.5d+d)\right]\times2$$
$$=0.7+17.13d$$
$$=0.7+17.13\times0.01$$
$$=0.87(\text{m})$$

【例 1-10】 如图 1-27 所示，已知拉筋的种类为 HPB300 级钢筋，图中标注为外皮长度，拉筋直径 $d=15\text{mm}$，180°弯钩处平直段长度为 $5d$。试计算钢筋的下料长度。

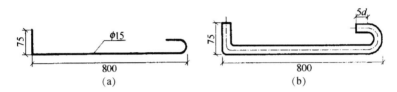

图 1-27　90°与 180°混合型拉筋
(a) 钢筋结构简图；(b) 钢筋实样图

【解】

查表 1-2 得 $R=2.5d$

查表 1-3 可知，90°外皮差值为 $2.288d$

此钢筋的计算较为特殊，左边的 90°角可用外皮差值公式计算，右边的用中心线法计算最好。

钢筋下料长度＝直段外皮总长＋直弯钩长度$-2.288d+$180°弯钩弧长

$\qquad\qquad+$180°弯钩平直段长度$-(R+d)$

$$=0.8+0.075-2.288d+\pi\left(R+\frac{d}{2}\right)+5d-(R+d)$$
$$=0.8+0.075-2.288\times0.015+3.14\times3\times0.015+5\times0.015-3.5\times0.015$$
$$=0.8+0.075-0.03432+0.1413+0.075-0.0525$$
$$\approx1(\text{m})$$

【例 1-11】 如图 1-28 所示，已知标注尺寸为外皮尺寸，$R=2d$，弯钩平直段长度为 $5d$，采用 HRB335 级钢筋制作，$d=15\text{mm}$。试计算箍筋的下料长度。

【解】

图 1-28 共有三个直线段，2 个 90°弯折、2 个 180°弯钩（180°弯钩可看作 2 个 90°弯钩）、2 个弯钩处共有两个直线段，查表 1-3 可知 90°外皮差值$=2.073d$，查表 1-6 可知 180°中心线长度$=\left(R+\frac{d}{2}\right)\times\pi$

（1）外皮差值法

外皮差值下料长度＝所有外皮长度之和-6 个 90°外皮差值

$$=300+500\times2+(2d+d)\times4+(5d+2d+d)\times2-6\times2.073d$$
$$=1300+15.562d$$
$$=1300+15.562\times15$$
$$\approx1.53(\text{m})$$

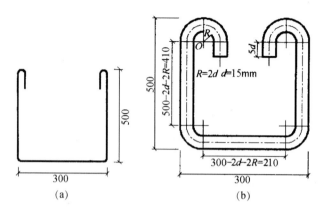

图 1-28   不规则箍筋下料长度计算

(a) 钢筋结构简图；(b) 钢筋实样图

（2）外皮差值与中心线法综合计算

图中共有 2 个 90°角，可用外皮差值法计算。

图中共有 2 个 180°角，可用中心线法计算。

下料长度＝所有外皮长度之和－2 个 90°外皮差值＋[180°弯钩弧长＋弯钩平直段长度
　　　　　－(R＋d)]×2

$$=300+500×2-2×2.073d+\left[\pi\left(R+\frac{d}{2}\right)+5d-(R+d)\right]×2$$

$$=1300+15.554d$$

$$=1300+15.554×15$$

$$\approx1.53(m)$$

结果证明，用两种方法计算结果是相同的。

1.5   箍筋的计算公式

常遇问题

1. 如何根据箍筋的内皮尺寸计算箍筋的下料尺寸？

2. 如何根据箍筋的外皮尺寸计算箍筋的下料尺寸？

3. 如何根据箍筋的中心线尺寸计算钢筋的下料尺寸？

4. 如何计算柱面螺旋线形箍筋的下料尺寸？

5. 已知箍筋的内皮尺寸，能换算成外皮尺寸吗？

6. 如果给出梁或柱的截面尺寸，能标注出弯钩后箍筋内皮尺寸吗？

【下料方法】

◆ **箍筋概念**

箍筋的常用形式有 3 种，目前施工图上应用最多的是图 1-29（c）所示的形式。

图 1-29 （a）、（b）的箍筋形式多用于非抗震结构，图 1-29 （c）所示的箍筋形式多用于平法框架抗震结构或非抗震结构中。可根据箍筋的内皮尺寸计算钢筋下料尺寸。

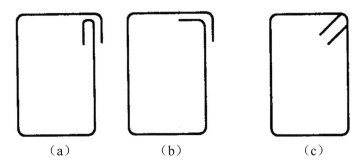

图 1-29　箍筋示意图

(a) 90°/180°；(b) 90°/90°；(c) 135°/135°

◆根据箍筋内皮尺寸计算箍筋的下料尺寸

（1）箍筋下料公式

图 1-30 （a）是绑扎在梁柱中的箍筋（已经弯曲加工完成）。为了便于计算，假想它是由两个部分组成：一部分如图 1-30 （b）所示，为 1 个闭合的矩形，4 个角是以 $R=2.5d$ 为半径的弯曲圆弧。另一部分如图 1-30 （c）所示，它是由 1 个半圆和 2 个相等的直线组成。图 1-30 （d）是图 1-30 （c）的放大示意图。

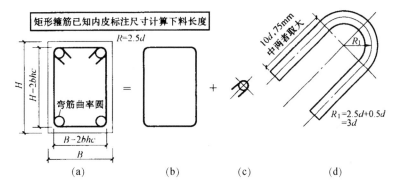

图 1-30　箍筋下料示意图

下面根据图 1-30 （b）和图 1-30 （c）分别计算下料长度，两者之和即为箍筋的下料长度，计算过程如下：

图 1-30 （b）部分下料长度：

$$长度=内皮尺寸-4\times 差值$$
$$=2(H-2bhc)+2(B-2bhc)-4\times 0.288d$$
$$=2H+2B-8bhc-1.152d \tag{1-17}$$

图 1-30 （c）部分下料长度：

半圆中心线长：$3d\pi \approx 9.425d$

端钩的弧线和直线段长度：

$10d>75\text{mm}$ 时，$9.425d+2\times 10d=29.425d$

$75mm > 10d$ 时，$9.425d + 2 \times 75mm$

合计箍筋下料长度：

$10d > 75mm$ 时

$$箍筋下料长度 = 2H + 2B - 8bhc + 28.273d \qquad (1-18)$$

$10d < 75mm$ 时

$$箍筋下料长度 = 2H + 2B - 8bhc + 8.273d + 150(mm) \qquad (1-19)$$

式中　bhc——保护层厚度，mm。

图 1-30（b）所示是带有圆角的矩形，四边的内部尺寸，减去内皮法的钢筋弯曲加工的 90° 差值即为这个矩形的长度。

图 1-30（c）所示是由半圆和两段直筋组成。半圆圆弧的展开长度是由它的中心线的展开长度来决定的。中心线的圆弧半径为 $R + d/2$，半圆圆弧的展开长度为（$R + d/2$）与 π 的乘积。箍筋的下料长度，要注意钩端的直线长度的规定，取 $10d$、75mm 中的大值。

对上面两个公式，进行进一步分析推导，发现因箍筋直径大小不同，当直径小于或等于 6.5mm 时，采用式（1-19），直径大于或等于 8mm 时，采用式（1-18）。

（2）箍筋的四个框内皮尺寸的算法

图 1-31 是放大了的部分箍筋图，再结合图 1-32 得知，箍筋的四个框内皮尺寸的算法如下：

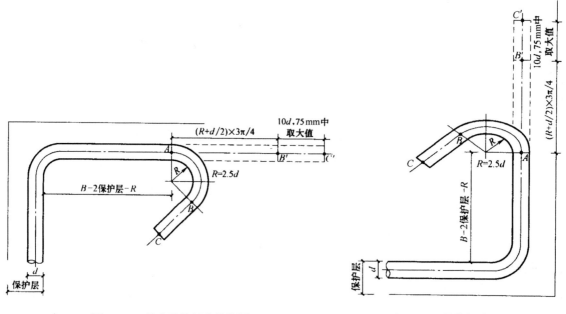

图 1-31　放大了的部分箍筋图　　　　　图 1-32　箍筋框内皮尺寸

由图 1-31 和图 1-32 得知，可以把箍筋的四个框内皮尺寸的算法，归纳如下：

箍筋左框　　　　　　　　　　$L_1 = H - 2bhc$ 　　　　　　　　　　　　（1-20）

箍筋底框　　　　　　　　　　$L_2 = B - 2bhc$ 　　　　　　　　　　　　（1-21）

箍筋右框　　$L_3 = H - 2bhc - R + \left(R + \dfrac{d}{2}\right) \times \dfrac{3}{4}\pi + 10d$，用于 $10d > 75$ 　　（1-22）

箍筋右框　　$L_3=H-2bhc-R+\left(R+\dfrac{d}{2}\right)\times\dfrac{3}{4}\pi+75\text{mm}$，用于 $10d<75$ （1-23）

箍筋上框　　$L_4=B-2bhc-R+\left(R+\dfrac{d}{2}\right)\times\dfrac{3}{4}\pi+10d$，用于 $10d>75$ （1-24）

箍筋上框　　$L_4=B-2bhc-R+\left(R+\dfrac{d}{2}\right)\times\dfrac{3}{4}\pi+75\text{mm}$，用于 $10d<75$ （1-25）

式中　bhc——保护层厚度，mm；

$\quad\quad R$——弯曲半径，mm；

$\quad\quad d$——钢筋直径，mm；

$\quad\quad H$——梁柱截面高度，mm；

$\quad\quad B$——梁柱截面宽度，mm。

通过验算可以得到，箍筋下料式（1-18）、式（1-19）和式（1-20）到式（1-25）是一致的。即把式（1-20）、式（1-21）、式（1-22）和式（1-24）加起来再减去三个角的内皮差值，就等于式（1-18）；式（1-20）、式（1-21）、式（1-23）和式（1-25）加起来再减去三个角的内皮差值，就等于式（1-19）。

◆根据箍筋外皮尺寸计算箍筋的下料尺寸

（1）箍筋下料公式

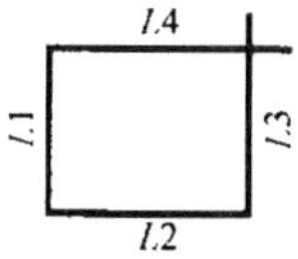

施工图上个别情况，也可能遇到箍筋标注外皮尺寸，如图 1-33 所示。这时，要用到外皮差值来进行计算，参看图 1-34。

图 1-34（b）部分下料长度：

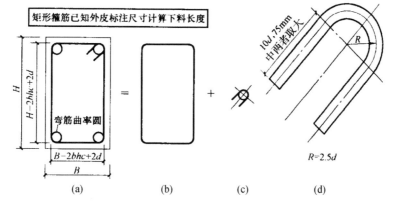

图 1-33　箍筋标注的外皮尺寸

图 1-34　箍筋下料图

$$\begin{aligned}\text{长度}&=\text{外皮尺寸}-4\times\text{差值}\\&=2(H-2bhc+2d)+2(B-2bhc+2d)-4\times2.288d\\&=2H+2B-8bhc-1.152d\end{aligned}$$ （1-26）

图 1-34（d）部分下料长度：

半圆中心线长：$3d\pi\approx9.425d$

端钩的弧线和直线段长度：

$10d>75\text{mm}$ 时，$9.425d+2\times10d=29.425d$

$75\text{mm}>10d$ 时，$9.425d+2\times75=9.425d+150(\text{mm})$

合计箍筋下料长度：

$10d > 75\text{mm}$ 时

$$箍筋下料长度 = 2H + 2B - 8bhc + 28.273d \tag{1-27}$$

$10d < 75\text{mm}$ 时

$$箍筋下料长度 = 2H + 2B - 8bhc + 8.273d + 150(\text{mm}) \tag{1-28}$$

式中　bhc——保护层厚度，mm。

图 1-34 (b) 所示是带有圆角的矩形，四边的外部尺寸，减去外皮法的钢筋弯曲加工的 90° 差值即为这个矩形的长度。

图 1-34 (c) 所示是由半圆和两段直筋组成。半圆圆弧的展开长度是由它的中心线的展开长度来决定的。中心线的圆弧半径为 $R + d/2$，半圆圆弧的展开长度为 $(R + d/2)$ 与 π 的乘积。箍筋的下料长度，要注意钩端的直线长度的规定，取 $10d$、75mm 中的大值。

（2）箍筋的四个框外皮尺寸的算法　图 1-35 是放大了的部分箍筋图，再结合图 1-36 得知，箍筋的四个框外皮尺寸的算法如下：

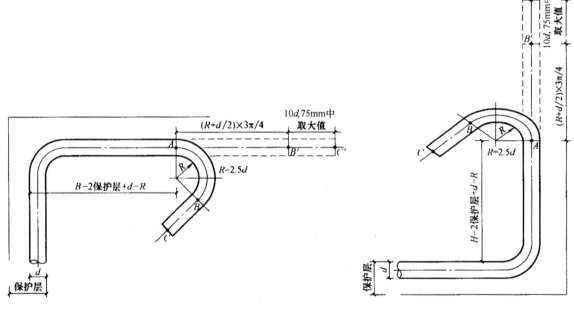

图 1-35　放大了的部分箍筋图　　　　图 1-36　箍筋框外皮尺寸

箍筋左框　　　　　　　　$$L_1 = H - 2bhc + 2d \tag{1-29}$$

箍筋底框　　　　　　　　$$L_2 = B - 2bhc + 2d \tag{1-30}$$

箍筋右框　$$L_3 = H - 2bhc + d - R + \left(R + \frac{d}{2}\right) \times \frac{3}{4}\pi + 10d，用于 10d > 75 \tag{1-31}$$

箍筋右框　$$L_3 = H - 2bhc + d - R + \left(R + \frac{d}{2}\right) \times \frac{3}{4}\pi + 75\text{mm}，用于 10d < 75 \tag{1-32}$$

箍筋左框　$$L_4 = B - 2bhc + d - R + \left(R + \frac{d}{2}\right) \times \frac{3}{4}\pi + 10d，用于 10d > 75 \tag{1-33}$$

箍筋左框　$$L_4 = B - 2bhc + d - R + \left(R + \frac{d}{2}\right) \times \frac{3}{4}\pi + 75\text{mm}，用于 10d < 75 \tag{1-34}$$

式中　　bhc——保护层厚度，mm；

　　　　R——弯曲半径，mm；

　　　　d——钢筋直径，mm；

　　　　H——梁柱截面高度，mm；

　　　　B——梁柱截面宽度，mm。

　　通过验算可以得到，箍筋下料式（1-27）、式（1-28）和式（1-29）到式（1-34）是一致的。即把式（1-29）、式（1-30）、式（1-31）和式（1-33）加起来再减去三个角的内皮差值，就等于式（1-27）；式（1-29）、式（1-30）、式（1-32）和式（1-34）加起来再减去三个角的内皮差值，就等于式（1-28）。

◆**根据箍筋中心线尺寸计算钢筋下料尺寸**

　　现在要讲的方法就是对箍筋的所有线段，都用计算中心线的方法，计算箍筋的下料尺寸，如图 1-37 所示。

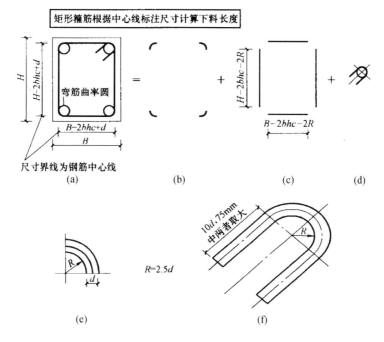

图 1-37　箍筋的线段

　　在图 1-37 中，图（e）是图（b）的放大。矩形箍筋按照它的中心线计算下料长度时，是先把图（a）分割成图（b）、图（c）、图（d）三个部分，分别计算中心线，然后，再把它们加起来，就是钢筋下料尺寸。

　　图 1-37（b）部分计算：

$$4\left(R+\frac{d}{2}\right)\times\frac{\pi}{2}=6\pi d$$

　　图 1-37（c）部分计算：

$$2(H-2bhc-2R)+2(B-2bhc-2R)=2H+2B-8bhc-20d$$

　　图 1-37（d）部分计算：

$10d > 75\text{mm}$ 时, $\left(R + \dfrac{d}{2}\right)\pi + 2 \times 10d = 3\pi d + 20d$

$75\text{mm} > 10d$ 时, $\left(R + \dfrac{d}{2}\right)\pi + 2 \times 75\text{mm} = 3\pi d + 150(\text{mm})$

箍筋的下料长度：

$10d > 75\text{mm}$ 时

$$6\pi d + 2H + 2B - 8bhc - 20d + 3\pi d + 20d = 2H + 2B - 8bhc + 28.274d \tag{1-35}$$

$10d < 75\text{mm}$ 时

$$6\pi d + 2H + 2B - 8bhc - 20d + 3\pi d + 150\text{mm} = 2H + 2B - 8bhc + 8.274d + 150(\text{mm}) \tag{1-36}$$

◆ 计算柱面螺旋线形箍筋的下料尺寸

（1）柱面螺旋形箍筋　图 1-38 为柱面螺旋线形箍筋图。

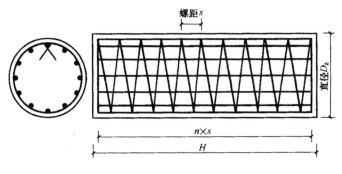

图 1-38　柱面螺旋线形箍筋

图中直径 D_z 是混凝土柱外表面直径尺寸；螺距 s 是柱面螺旋线每旋转一周的位移，也就是相邻螺旋箍筋之间的间距；H 是柱的高度；n 是螺距的数量。

螺旋箍筋的始端与末端，应各有不小于一圈半的端部筋。这里计算时，暂采用一圈半长度，两端均加工有 135° 弯钩，且在钩端各留有直线段。柱面螺旋线展开以后是直线（斜向）；螺旋箍筋的始端与末端，展开以后是上下两条水平线。在计算柱面螺旋线形箍筋时，先分成三个部分来计算：柱顶部（图 1-38 的左端）的一圈半箍筋展开长度，即为图 1-39 中上部水平段；螺旋线形箍筋展开部分，即为图 1-39 中中部斜线段；最后是柱底部（图 1-38 的右端）的一圈半箍筋展开长度，即为图 1-39 中下部水平段。

（2）螺旋箍筋计算

上水平圆一周半展开长度计算：

$$上水平圆一周半展开长度 = 1.5\pi(D_z - 2bhc - d)$$

螺旋线展开长度：

$$螺旋筋展开长度 = \sqrt{\left[n\pi(D_z - 2bhc - d)\right]^2 + (H - 2bhc - 3d)^2} \tag{1-37}$$

下水平圆一周半展开长度计算：

$$下水平圆一周半展开长度 = 1.5\pi(D_z - 2bhc - d) \tag{1-38}$$

螺旋箍筋展开长度公式：

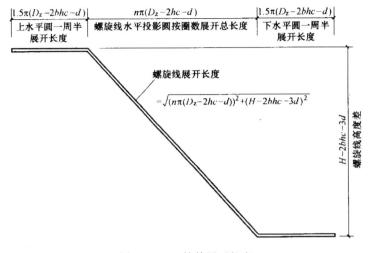

图 1-39　箍筋展开长度

$$螺旋筋展开长度 = 2 \times 1.5\pi(D_z - 2bhc - d) + \sqrt{\left[n\pi(D_z - 2bhc - d)\right]^2 + (H - 2bhc - 3d)^2}$$
$$- 2 \times 外皮差值 + 2 \times 钩长 \qquad (1-39)$$

（3）螺旋箍筋的搭接计算

1）螺旋箍筋的搭接部分，有搭接长度的规定如下：

抗震结构的搭接长度，要求 $\geqslant l_{aE}$ 且 $\geqslant 300\mathrm{mm}$。

非抗震结构的搭接长度，要求 $\geqslant l_a$ 且 $\geqslant 300\mathrm{mm}$。

2）搭接的弯钩钩端直线段长度规定如下：

抗震结构的长度，要求为 10 倍箍筋直径和 75mm 中取较大者。

非抗震结构，要求 5 倍箍筋直径。

此外两个搭接的弯钩，必须勾在纵筋上。螺旋箍筋搭接构造如图 1-40 所示。

（4）搭接长度 l_{aE} 和 l_a 的规定

受拉钢筋基本锚固长度 l_{ab}、l_{abE} 见表 1-7，搭接长度 l_{aE} 和 l_a 见表 1-8。

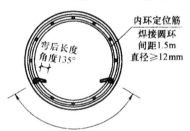

图 1-40　螺旋箍筋搭接构造

表 1-7　　　　　　　　受拉钢筋基本锚固长度 l_{ab}、l_{abE}

钢筋种类	抗震等级	混凝土强度等级								
		C20	C25	C30	C35	C40	C45	C50	C55	$\geqslant$C60
HPB300	一、二级（l_{abE}）	$45d$	$39d$	$35d$	$32d$	$29d$	$28d$	$26d$	$25d$	$24d$
	三级（l_{abE}）	$41d$	$36d$	$32d$	$29d$	$26d$	$25d$	$24d$	$23d$	$22d$
	四级（l_{abE}） 非抗震（l_{ab}）	$39d$	$34d$	$30d$	$28d$	$25d$	$24d$	$23d$	$22d$	$21d$
HRB335 HRBF335	一、二级（l_{abE}）	$44d$	$38d$	$33d$	$31d$	$29d$	$26d$	$25d$	$24d$	$24d$
	三级（l_{abE}）	$40d$	$35d$	$31d$	$28d$	$26d$	$24d$	$23d$	$22d$	$22d$
	四级（l_{abE}） 非抗震（l_{ab}）	$38d$	$33d$	$29d$	$27d$	$25d$	$23d$	$22d$	$21d$	$21d$

钢筋种类	抗震等级	混凝土强度等级								
		C20	C25	C30	C35	C40	C45	C50	C55	≥C60
HRB400 HRBF400 RRB400	一、二级（l_{abE}）	—	46d	40d	37d	33d	32d	31d	30d	29d
	三级（l_{abE}）	—	42d	37d	34d	30d	29d	28d	27d	26d
	四级（l_{abE}） 非抗震（l_{ab}）	—	40d	35d	32d	29d	28d	27d	26d	25d
HRB500 HRBF500	一、二级（l_{abE}）	—	55d	49d	45d	41d	39d	37d	36d	35d
	三级（l_{abE}）	—	50d	45d	41d	38d	36d	34d	33d	32d
	四级（l_{abE}） 非抗震（l_{ab}）	—	48d	43d	39d	36d	34d	32d	31d	30d

表 1－8　　　　　　　　受拉钢筋锚固长度 l_a、抗震锚固长度 l_{aE}

非抗震	抗震	注：1. l_a 不应小于 200mm
$l_a = \zeta_a l_{ab}$	$l_{aE} = \zeta_{aE} l_a$	2. 锚固长度修正系数 ζ_a 按表 1－9 取用，当多于一项时，可按连乘计算，但不应小于 0.6 3. ζ_{aE} 为抗震锚固长度修正系数，对一、二级抗震等级取 1.15，对三级抗震等级取 1.05，对四级抗震等级取 1.00

注： 1. HPB300 级钢筋末端应做 180°弯钩，弯后平直段长度不应小于 3d，但作受力钢筋时可不做弯钩。

2. 当锚固钢筋的保护层厚度不大于 5d 时，锚固钢筋长度范围内应设置横向构造钢筋，其直径不应小于 d/4（d 为锚固钢筋的最大直径）；对梁、柱等构件间距不应大于 5d，对板、墙等构件间距不应大于 10d，且均不应大于 100mm（d 为锚固钢筋的最小直径）。

表 1－9　　　　　　　　受拉钢筋锚固长度修正系数 ζ_a

锚固条件		ζ_a	
带肋钢筋的公称直径大于 25mm		1.10	—
环氧树脂涂层带肋钢筋		1.25	
施工过程中易受扰动的钢筋		1.10	
锚固区保护层厚度	3d	0.80	注：中间时按内插值。d 为锚固钢筋的直径（mm）
	5d	0.70	

（5）搭接长度计算公式

参看图 1－41 和图 1－42，计算出每根钢筋搭接长度为：

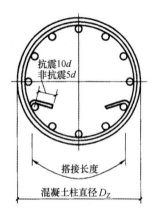

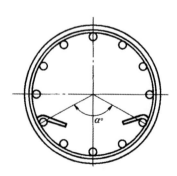

图 1－41　箍筋搭接长度　　　　　　　　图 1－42　箍筋搭接图

$$搭接长度 = \left(\frac{D_z}{2} - bhc + \frac{d}{2}\right) \times \frac{\alpha}{2} \times \frac{\pi}{180°} + \left(R + \frac{d}{2}\right) \times 135° \times \frac{\pi}{180°} + 10d \qquad (1-40)$$

式（1-40）用于抗震结构。

$$搭接长度 = \left(\frac{D_z}{2} - bhc + \frac{d}{2}\right) \times \frac{\alpha}{2} \times \frac{\pi}{180°} + \left(R + \frac{d}{2}\right) \times 135° \times \frac{\pi}{180°} + 5d \qquad (1-41)$$

式（1-41）用于非抗震结构。

式（1-40）和式（1-41）两式的第一项，是指两筋搭接的中点到钩的切点处长度；第二项是135°弧中心线和钩端直线部分长度。

◆**圆环形封闭箍筋**

圆环形封闭箍筋，如图1-43所示。可以把图1-43（a）看做是由两部分组成：一部分是圆箍；另一部分是两个带有直线端的135°弯钩。这样一来，先求出圆箍的中心线实长，然后再查表找带有直线端的135°弯钩长度，不要忘记，钩是一双。

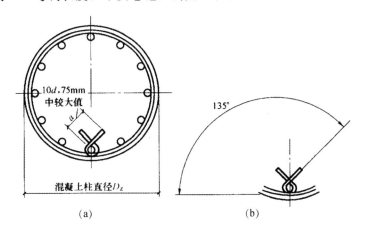

图1-43　圆环形封闭箍筋
（a）圆环形封闭箍筋示意图；（b）圆环形封闭箍筋中弯钩示意图

设保护层为bhc；混凝土柱外表面直径为D_z；箍筋直径为d；箍筋端部两个弯钩为135°，都勾在同一根纵筋上；钩末端直线段长度为a，箍钩弯曲加工半径为R，135°箍钩的下料长度可从表1-6中查到。

$$下料长度 = (D_z - 2bhc + d)\pi + 2 \times \left[\left(R + \frac{d}{2}\right) \times 135° \times \frac{\pi}{180°} + a\right] \qquad (1-42)$$

式中　　a——从$10d$和75mm两者中取最大值。

【实　　例】

【**例1-12**】已知注有内皮尺寸的箍筋简图，如图1-44所示，钢筋直径d为10mm。求其下料尺寸。

【解】

钢筋下料长度为：

$$550+350+696+496-3×0.288×10=2083(mm)$$

【例 1-13】 已知注有内皮尺寸 L_1 和 L_2 的箍筋简图，如图 1-45 所示，钢筋直径 d 为 12mm。补注 L_3 和 L_4，并求出其下料尺寸。

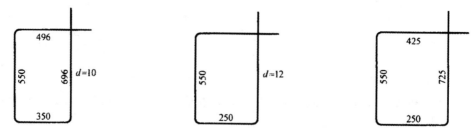

图 1-44　有内皮尺寸的　　　图 1-45　注有内皮尺寸 L_1 和　　图 1-46　箍筋计算结果
　　　　　箍筋　　　　　　　　　　　L_2 的箍筋简图

【解】

补注 L_3 和 L_4 时，需要查表 1-10。当 $d=12mm$ 时，L_3 和 L_4 比 L_1 和 L_2 增多的值为 175mm，则：

$$L_3=550+175=725(mm)$$
$$L_4=250+175=425(mm)$$

计算结果见图 1-46。

表 1-10　未弯钩箍筋简图中，当 $R=2.5d$ 时，L_3、L_4 比 L_1、L_2 各自增多的值（内皮尺寸标注法用）

d/mm	L_3 比 L_1 L_4 比 L_2 增多的公式部分	L_3 比 L_1 L_4 比 L_2 增多的值/mm
6	$-R+\left(R+\dfrac{d}{2}\right)×\dfrac{3}{4}\pi+75mm$	102
6.5		105
8	$-R+\left(R+\dfrac{d}{2}\right)×\dfrac{3}{4}\pi+10d$	117
10		146
12		175

1.6　特殊钢筋的下料长度

常遇问题

1. 如何计算变截面构件钢筋下料长度？

2. 如何计算圆形构件钢筋下料长度？

3. 如何计算半球形钢筋下料长度？

4. 如何计算变截面（三角形、梯形）钢筋长度？

5. 如何计算钢筋重量？

【下料方法】

◆变截面构件钢筋下料长度

对于变截面构件，其中的纵横向钢筋长度或箍筋高度存在多种长度，其长度可用等差关系进行计算。

$$\Delta = \frac{l_d - l_c}{n-1} \text{ 或 } \Delta = \frac{h_d - h_c}{n-1} \qquad n = \frac{s}{a} + 1 \tag{1-43}$$

式中　Δ——相邻钢筋的长度差或相邻钢筋的高度差；

　　l_d、l_c——分别是变截面构件纵横钢筋的最大和最小长度；

　　h_d、h_c——分别是构件箍筋的最高处和最低处；

　　n——纵横钢筋根数或箍筋个数；

　　s——钢筋或箍筋的最大与最小之间的距离；

　　a——钢筋的相邻间距。

◆圆形构件钢筋下料长度

对于圆形构件配筋可分为两种形式配筋，一种是弦长，由圆心向两边对称分布，一种按圆周形式布筋。

（1）当圆形构件按弦长配筋时，先计算出钢筋所在位置的弦长，再减去两端保护层厚即可得钢筋长度。

1）当钢筋根数为偶数时，如图 1-47（a）所示，钢筋配置时圆心处不通过，配筋有相同的两组，弦长可按下式计算：

$$l_i = a \sqrt{(n+1)^2 - (2i-1)^2} \tag{1-44}$$

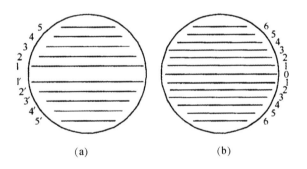

图 1-47　按弦长布置钢筋
（a）钢筋根数为偶数；（b）钢筋根数为奇数

2）当钢筋根数为奇数时，如图 1-47（b）所示，有一根钢筋从圆心处通过，其余对称分布，弦长可按下式计算：

$$l_i = a \sqrt{(n+1)^2 - (2i)^2} \tag{1-45}$$

$$n = \frac{D}{a} - 1 \tag{1-46}$$

式中　l_i——第 i 根（从圆心起两边记数）钢筋所在弦长；

　　　a——钢筋间距；

　　　n——钢筋数量；

　　　i——序号数；

　　　D——圆形构件直径。

（2）按圆周形式布筋如图 1-48 所示，先将每根钢筋所在圆的直径求出，然后乘以圆周率，即为圆形钢筋的下料长度。

◆半球形钢筋下料长度

半球形构件的形状如图 1-49 所示。

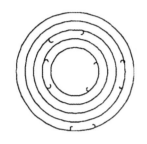 

图 1-48　按圆周布置钢筋　　　　图 1-49　半球形构件示意图

缩尺钢筋是按等距均匀分布的，成直线形。计算方法与圆形构件直线形配筋相同，先确定每根钢筋所在位置的弦和圆心的距离 C。弦长可按下式计算：

$$l_0 = \sqrt{D^2 - 4C^2} \text{ 或 } l_0 = 2\sqrt{R^2 - C^2} \tag{1-47}$$

以上所求为弦长，减去两端保护层厚度，即为钢筋长 l_i。

$$l_i = 2\sqrt{R^2 - C^2} - 2bhc \tag{1-48}$$

式中　l_0——圆形切块的弦长；

　　　D——圆形切块的直径；

　　　C——弦心距，圆心至弦的垂线长；

　　　R——圆形切块的半径。

◆螺旋箍筋的下料长度计算

可以把螺旋箍筋分别割成许多个单螺旋（图 1-50），单螺旋的高度称为螺距。

$$L = \sqrt{H^2 + (\pi Dn)^2} \tag{1-49}$$

式中　L——螺旋箍筋的长度；

　　　H——螺旋箍筋的垂直高度；

　　　D——螺旋直径；

　　　n——螺旋缠绕圈数，$n = H/p$（p 为螺距）。

◆变截面（三角形）钢筋长度计算

根据三角形中位线原理（以图 1-51 为例）：

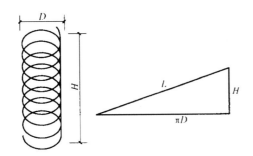

图 1-50　螺旋钢筋

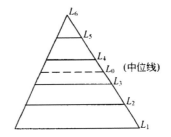

图 1-51　变截面（三角形）钢筋

$$L_1 = L_2 + L_5 = L_3 + L_4 = 2L_0$$

所以

$$L_1 + L_2 + L_3 + L_4 + L_5 = 2L_0 \times 3$$

即

$$\sum_{i=1}^{5} L_i = 6L_0 = (5+1)L_0$$

$$\sum_{i=1}^{n} L_i = (n+1)L_0 \qquad (1-50)$$

式中　n——钢筋总根数（不管与中位线是否重合）。

◆变截面（梯形）钢筋长度计算

根据梯形中位线原理（以图 1-52 为例）：

$$L_1 + L_6 = L_2 + L_5 = L_3 + L_4 = 2L_0$$

所以

$$L_1 + L_2 + L_3 + L_4 + L_5 + L_6 = 2L_0 \times 3$$

即

$$\sum_{i=1}^{6} L_i = 2L_0 \times 3 = 6L_0$$

$$\sum_{i=1}^{n} L_i = nL_0 \qquad (1-51)$$

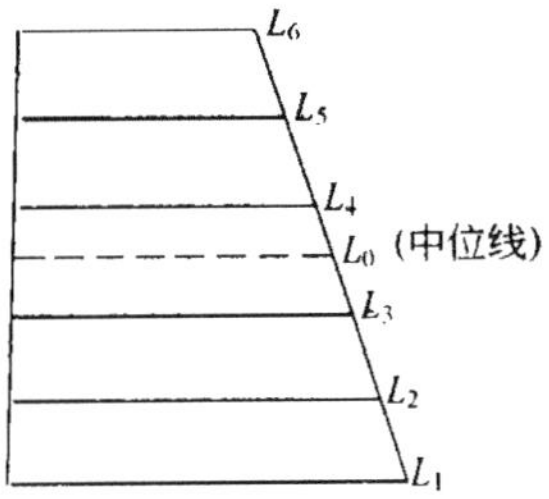

图 1-52　变截面（梯形）钢筋

式中　n——钢筋总根数（不管与中位线是否重合）。

◆钢筋重量计算

在钢筋的使用中，均是以千克（kg）、吨（t）为单位对钢筋的消耗进行衡量的。

重量的计算需要了解钢材的密度和钢筋的体积，现以 1m 长度的钢筋来进行计算：

每米不同直径钢筋的体积：

$$V = \frac{\pi d^2}{4} \times 1000 = 250\pi d^2$$

钢筋的密度 $\rho = 7850 \times 10^{-9} \, \text{kg/mm}^3$

每米钢筋重量 $G = \rho V$

$$= 250\pi d^2 \times 7850 \times 10^{-9}$$

$$= 0.00617 d^2 \ (\text{kg})$$

【实　例】

【例 1-14】 薄腹梁尺寸及箍筋如图 1-53 所示，试确定每个箍筋的高度（保护层厚为 30mm）。

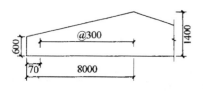

图 1-53　薄腹梁尺寸及箍筋配置

箍筋个数 $n=\dfrac{s}{a}+1$

$\qquad=\dfrac{8000-70}{300}+1$

$\qquad=27.4$，取 28 个箍筋

相邻箍筋高差 $\Delta=\dfrac{h_{\mathrm{d}}-h_{\mathrm{c}}}{n-1}$

$\qquad=\dfrac{1400-600}{28-1}$

$\qquad=29.6(\mathrm{mm})$

【解】

梁上部斜面坡度为：$\dfrac{1400-600}{8000}=\dfrac{1}{10}$

最低处的箍筋高度为：$(600-2\times30)+70\times\dfrac{1}{10}=547(\mathrm{mm})$

最高处的箍筋高度为：$1400-2\times30=1340$（mm）

故每个箍筋的高度分别为：547mm、576.6mm、606.2mm、……、1340mm

【例 1-15】 图 1-47 有一直径为 3m 的钢筋混凝土圆板，钢筋沿弦长布置，间距为双数，保护层厚度为 30mm，求每根钢筋的长度。

【解】

由图可知，该构件配筋数 $n=13$，1 号至 6 号钢筋的长度分别为：

$l_1=a\sqrt{(n+1)^2-(2i)^2}-60$

$\qquad=\dfrac{3000}{13+1}\sqrt{(13+1)^2-(2\times1)^2}-60$

$\qquad=2909(\mathrm{mm})=2.91(\mathrm{m})$

$l_2=a\sqrt{(n+1)^2-(2i)^2}-60$

$\qquad=\dfrac{3000}{13+1}\sqrt{(13+1)^2-(2\times2)^2}-60$

$\qquad=2815(\mathrm{mm})=2.82(\mathrm{m})$

$l_3=a\sqrt{(n+1)^2-(2i)^2}-60$

$\qquad=\dfrac{3000}{13+1}\sqrt{(13+1)^2-(2\times3)^2}-60$

$\qquad=2651(\mathrm{mm})=2.65(\mathrm{m})$

$l_4=a\sqrt{(n+1)^2-(2i)^2}-60$

$\qquad=\dfrac{3000}{13+1}\sqrt{(13+1)^2-(2\times4)^2}-60$

$\qquad=2402(\mathrm{mm})=2.4(\mathrm{m})$

$$l_5 = a \sqrt{(n+1)^2 - (2i)^2} - 60$$

$$= \frac{3000}{13+1} \sqrt{(13+1)^2 - (2\times5)^2} - 60$$

$$= 2040(\text{mm}) = 2.04(\text{m})$$

$$l_6 = a \sqrt{(n+1)^2 - (2i)^2} - 60$$

$$= \frac{3000}{13+1} \sqrt{(13+1)^2 - (2\times6)^2} - 60$$

$$= 1485(\text{mm}) = 1.49(\text{m})$$

【例 1-16】 有一圆形钢筋混凝土柱，采用螺旋形箍筋，钢筋骨架沿直径方向的主筋外皮距离为 290mm，钢筋直径为 Φ10，箍筋螺距 $p=90$mm。求每米钢筋骨架螺旋箍筋长度。

【解】 $$D = 290 + 10 = 300(\text{mm})$$

代入公式（1-49）

$$L = \sqrt{H^2 + (\pi D n)^2}$$

$$= \sqrt{1000^2 + \left(3.14 \times 300 \times \frac{1000}{90}\right)^2}$$

$$= 10520(\text{mm}) = 10.52(\text{m})$$

【例 1-17】 某现浇混凝土板如图 1-52 所示，上部长度为 3m，底部长度为 5m，混凝土保护层厚度为 30mm。计算其横向钢筋的长度。

【解】

$$L_0 = \frac{3 - 0.03 \times 2 + 5 - 0.03 \times 2}{2} + 6.25 \times 0.01 \times 2 = 4.07(\text{m})$$

则

$$L_{1-6} = 6 \times L_0 = 6 \times 4.07 = 24.42(\text{m})$$

1.7 拉筋的样式及其计算

常遇问题

1. 拉筋共有几种样式，它们各自的特点是什么？

2. 如何计算两端为 90° 弯钩的拉筋？

3. 如何计算两端为 135° 弯钩的拉筋？

4. 拉筋的 180° 弯钩钢筋，能用外皮法或内皮法计算吗？

5. 如何计算一端钩 ≤90°，另一端钩 >90° 的拉筋？

【下料方法】

◆拉筋的作用与样式

（1）作用：固定纵向钢筋，防止位移。

（2）样式：拉筋的端钩有 90°、135° 和 180° 三种，其组合如图 1-54 所示。

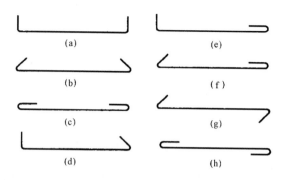

图 1-54　拉筋端钩的三种构造组合

（3）拉筋两弯钩≤90°时，标注外皮尺寸，这时可按外皮尺寸的"和"，减去"外皮差值"来计算下料长度，也可按计算弧线展开长度计算下料长度。

（4）拉筋两端弯钩>90°时，除了标注外皮尺寸，还要在拉筋两端弯钩处（上方）标注下料长度剩余部分。

◆**两端为 90°弯钩的拉筋计算**

图 1-55 是两端为 90°弯钩的拉筋尺寸分析图。其中 *BC* 直线是施工图给出的。图 1-55 对拉筋的各个部位计算，作了详细的剖析。它的计算方法不唯一，但对拉筋图来说，还是要按照图 1-56 的尺寸标注方法注写。

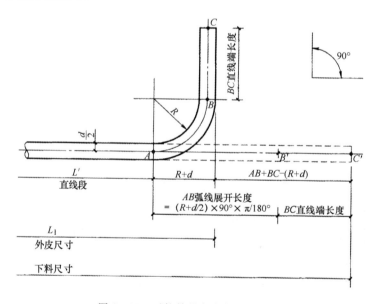

图 1-55　对拉筋的各个部位的剖析

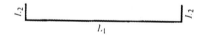

图 1-56　尺寸标注

表 1-11、表 1-12 是下料长度计算。

表 1-11 双 90°弯钩"外皮尺寸法"与"中心线法"计算对比

"外皮尺寸法"	"中心线法"
$L_1+2L_2-2\times2.288d=L_1+2L_2-4.576d$	$L_1-2(R+d)+2L_2-2(R+d)+2(R+0.5d)0.5\pi$ $=L_1-7d+2L_2-7d+3d\pi$ $=L_1+2L_2-4.576d$

表 1-12 双 90°弯钩"内皮尺寸法"计算

设:$R=2.5d$;$L_1'=L_1-2d_1$;$L_2'=L_2-d$
$L_1'+2L_2'-2\times0.288d$ $=L_1-2d+2(L_2-d)-2\times0.288d$ $=L_1+2L_2-4d-0.576d$ $=L_1+2L_2-4.576d$

表 1-11 中的 $R=2.5d$;$2.288d$ 为差值。

通常不用中心线法,而是用外皮尺寸法。两端为 90°弯钩的拉筋也有可能是标注内皮尺寸,见图 1-57 和表 1-12。

计算结果,与前两种方法一致。

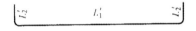

图 1-57 两端为 90°弯钩的内皮尺寸标注

◆**两端为 135°弯钩的拉筋计算**

目前常用的一种样式就是 135°弯钩的拉筋,如图 1-58 所示,其算法如下:

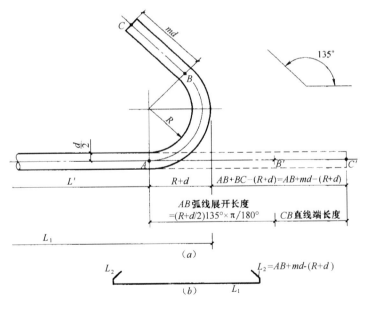

图 1-58 135°弯钩的拉筋

如图 1-58(a)所示,AB 弧线展开长度是 AB'。BC 是钩端的直线部分。从 A 点起弯起,向上一直到直线上端 C 点,展开以后,就是 AC' 线段。L' 是钢筋的水平部分;$R+d$ 是钢筋弯曲部分外皮的水平投影长度。图 1-58(b)是施工图上简图尺寸标注。钢筋两端弯曲加工后,外

皮间尺寸就是 L_1。两端以外剩余的长度 $AB+BC-(R+d)$ 就是 L_2。

$$L_1=L'+2(R+d) \tag{1-52}$$

$$L_2=AB+BC-(R+d) \tag{1-53}$$

图 1-59 中，补充了内皮尺寸的位置和平法框架图中钩端直线段规定长度。拉筋的尺寸标注仍按图 1-58（b）表示。

因为外皮尺寸的确定（AB、BC、CD、DE、EF）比较麻烦。请看图 1-60，BC 段或 DE 段，都是由两种尺寸加起来，而且其中还要计算三角正切值。所以，图 1-58 只是说明外皮尺寸差值的理论出处。

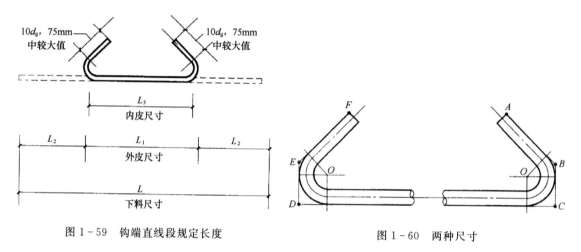

图 1-59　钩端直线段规定长度

图 1-60　两种尺寸

◆两端为 180°弯钩的拉筋计算

图 1-61 表示两端为 180°弯钩的拉筋在加工前与加工后的形状。也可以认为，是把两端弯完的钢筋，展开为下料长度的样子。

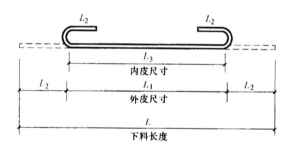

图 1-61　两端为 180°弯钩的拉筋加工前与加工后的形状

这里再说一下内皮尺寸 L_3：

（1）如果拉筋直接拉在纵向受力钢筋上，它的内皮尺寸就等于截面尺寸减去两个保护层的大小。

（2）如果拉筋既拉住纵向受力钢筋，而同时又拉住箍筋，这时还要再加上两倍箍筋直径的尺寸。

◆**一端钩≤90°，另一端钩＞90°的拉筋计算**

如图 1-54 (d)、(e) 所示，就是"拉筋一端钩≤90°，另一端钩＞90°"类型的。而在图 1-62中，L_1、L_2 属于外皮尺寸；L_3 属于展开尺寸。有外皮尺寸与外皮尺寸的夹角，外皮差值就用得着了。图 1-54 (b)、(c)、(f)、(g)、(h) 两端弯钩处，均须标注展开尺寸。

图 1-62　外皮尺寸

【实　　例】

【例 1-18】　按外皮尺寸法，计算两端为 180°弯钩的钢筋的 L_2 值（参看图 1-61、图 1-62）：设钢筋直径为 d；$R = 2.5d$；钩端直线部分为 $3d$。问 L_2 值等于多少？

【解】
$$L_2 = 4(R+d) + 3d - (R+d) - 2 \times 2.288d$$
$$= 3(R+d) + 3d - 4.576d$$
$$= 3(3.5d) + 3d - 4.576d$$
$$= 8.924d$$

1.8　拉筋端钩形状的变换

常遇问题

1. 如何计算两端 135°弯钩预加工变换为 90°弯钩的下料长度？
2. 如何计算两端 180°弯钩预加工变换为 90°弯钩的下料长度？
3. 拉筋两端同为 135°弯钩，两弯钩同向省料？还是反向省料？

【下料方法】

◆**两端 135°弯钩，预加工变换为 90°弯钩**

钢箍的绑扎工作状态为两端 135°弯钩，而在钢筋的绑扎前，要求预加工两端为 90°弯钩。也就是说，下料的长度不变。参看图 1-58，L_2 标注的是展开长度。而此时要求把钢筋沿外皮弯起 90°的弯钩。此时，弯起的高度为（图 1-63）：

$$L_2' = (R+d) + \left(R + \frac{d}{2}\right) \times 45° \times \frac{\pi}{180°} + md \qquad (1-54)$$

当 $R = 2.5d$ 时

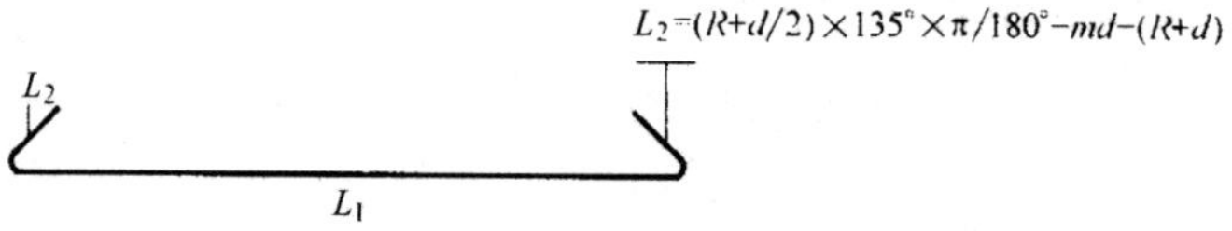

$$L_2 = (R+d/2) \times 135° \times \pi/180° - md - (R+d)$$

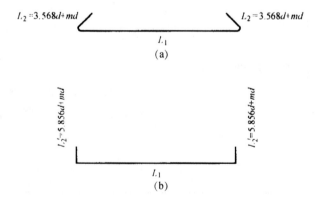

图 1-63 弯起的高度

$$L_2 = \left(R + \frac{d}{2}\right) \times 135° \times \frac{\pi}{180°} + md - (R+d)$$

$$= 3d \times 135° \times \frac{\pi}{180°} + md - 3.5d$$

$$= 7.068d + md - 3.5d$$

$$= 3.568d + md$$

$$L_2' = (R+d) + \left(R + \frac{d}{2}\right) \times 45° \times \frac{\pi}{180°} + md$$

$$= 3.5d + 3d \times 45° \times \frac{\pi}{180°} + md$$

$$= 3.5d + 2.356d + md$$

$$= 5.856d + md$$

验算：

两端 135°弯钩的下料长度部分为：

$$L_1 + 2L_2 = L_1 + 2 \times (3.568d + md)$$

$$= L_1 + 7.136d + 2md$$

预加工为两端 90°弯钩的下料长度部分为：

$$L_1 + 2L_2' - 2 \text{ 倍外皮差值} = L_1 + 2 \times (5.856d + md) - 2 \times 2.288d$$

$$= L_1 + 11.712d + 2md - 4.576d$$

$$= L_1 + 7.136d + 2md$$

验算结果一致。

现在可以这样说，按 135°绑扎的端钩，预制为 90°的端钩，可按图 1-64 注写。

(a)

(b)

图 1-64 按 135°绑扎的端钩预制为 90°的端钩注写

(a) 135°端钩拉筋；(b) 90°端钩拉筋

拉筋端钩由 135°预制成 90°时 L_2 改注成 L'_2 的数据见表 1-13。

表 1-13   拉筋端钩由 135°预制成 90°时 L_2 改注成 L'_2 的数据表

d/mm	md/mm		$L_2=3.568d+md$/mm	$L'_2=5.856d+md$/mm
6	$5d$	30	51	65
	$10d$	60	81	95
		75	96	110
6.5	$5d$	32.5	56	71
	$10d$	65	88	103
		75	98	113
8	$5d$	40	69	87
	$10d$	80	109	127
		75	104	122
10	$5d$	50	86	109
	$10d$	100	136	159
		75	111	134
12	$5d$	60	103	130
	$10d$	120	163	190
		75	118	145

◆ **两端 180°弯钩，预加工变换为 90°弯钩**

钢筋的绑扎工作状态为两端 180°弯钩，而在钢筋的绑扎前，要求预加工两端为 90°弯钩。也就是说，下料的长度不变。参看图 1-65，L_2 标注的是展开长度。而此时要求把钢筋沿外皮弯起 90°，这时弯起的高度为：

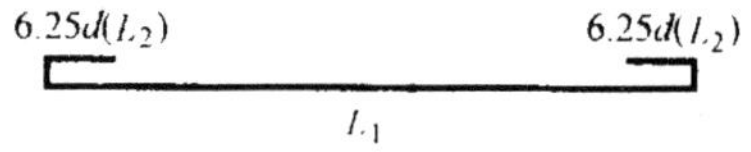

图 1-65 L_2 标注的展开长度

$$L'_2=(R+d)+\left(R+\frac{d}{2}\right)\times 90°\times\frac{\pi}{180°}+md \quad (1-55)$$

当 $R=2.5d$ 时

$$L_2=\left(R+\frac{d}{2}\right)\times\pi+md-(R+d)$$
$$=3d\times\pi+md-3.5d$$
$$=9.424d+md-3.5d$$
$$=5.924d+md$$

$$L'_2=(R+d)+\left(R+\frac{d}{2}\right)\times 90°\times\frac{\pi}{180°}+md$$
$$=3.5d+3d\times 90°\times\frac{\pi}{180°}+md$$
$$=3.5d+4.712d+md$$
$$=8.212d+md$$

验算：

两端 180°弯钩的下料长度部分为：

$$L_1 + 2L_2 = L_1 + 2 \times (5.924d + md)$$
$$= L_1 + 11.848d + 2md$$

预加工为两端 90°弯钩的下料长度部分为：

$$L_1 + 2L_2' - 2 \text{倍外皮差值} = L_1 + 2 \times (8.212d + md) - 2 \times 2.288d$$
$$= L_1 + 16.424d + 2md - 4.576d$$
$$= L_1 + 11.848d + 2md$$

验算结果一致。

现在可以这样说，按 180°绑扎的端钩，预制为 90°的端钩，可按图 1-66 注写。

图 1-66　按 180°绑扎的端钩预制为 90°的端钩注写

(a) 180°端钩拉筋；(b) 90°端钩拉筋

拉筋端钩由 180°预制成 90°时 L_2 改注成 L_2' 的数据见表 1-14。

表 1-14　　　　　　　拉筋端钩由 180°预制成 90°时 L_2 改注成 L_2' 的数据表

d/mm	md/mm		$L_2 = 5.924d + md$/mm	$L_2' = 8.212d + md$/mm
6	5d	30	66	79
	10d	60	96	109
		75	111	124
6.5	5d	32.5	71	86
	10d	65	104	119
		75	114	129
8	5d	40	87	106
	10d	80	127	146
		75	122	141
10	5d	50	109	132
	10d	100	159	182
		75	134	157
12	5d	60	131	159
	10d	120	191	219
		75	146	174

◆两端端钩反向的拉筋

前面讲过的拉筋，它的端钩均位于同一侧。位于同一侧的拉筋，受拉时是偏心受拉。如果两端端钩是反向的，则力通过拉筋的重心，受力状态理想，如图 1-67 所示。

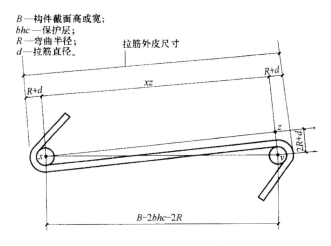

其中　B—构件截面高或宽；
　　　bhc—保护层；
　　　R—弯曲半径；
　　　d—拉筋直径。

图 1-67　两端端钩反向的拉筋

xy 平行于构件截面的底边；xz 平行于拉筋的筋身；yz 垂直于 xz。$\angle yzx$ 是直角，称 xz 为底边，称 yz 为对边，称 xy 为斜边。xy 虽然叫做斜边，但是，它是平行于构件截面的底边的。因此它是可以计算出来的，等于 $B-2bhc-2R$。对边也是可以计算出来的，等于 $2R+d$。这样一来，就可以用勾股弦法计算了。

$$xz^2 + yz^2 = xy^2$$
$$yz = 2R + d$$
$$xy = B - 2bhc - 2R$$
$$xz^2 + (2R+d)^2 = (B-2bhc-2R)^2$$
$$xz = \sqrt{(B-2bhc-2R)^2 - (2R+d)^2}$$

拉筋外皮尺寸平行于 xz

$$拉筋外皮尺寸\ L_1 = xz + 2R + 2d$$

即

$$拉筋外皮尺寸\ L_1 = \sqrt{(B-2bhc-2R)^2 - (2R+d)^2} + 2R + 2d \qquad (1-56)$$

端钩方向相反的拉筋外皮尺寸 L_1 的多元函数随保护层、钢筋加工弯曲半径、拉筋直径和沿拉筋长度方向的截面尺寸 B 四个变量的变化而变化。如下数据表格，每张表格中，把拉筋直径 d 和构件宽度 B 固定为常量，以便于查看计算，见表 1-15 至表 1-25。

表 1-15　　　　　　　　　同向、异向双钩拉筋的外皮尺寸 L_1 比较表

限于 $B=150$mm；$R=2.5d$ 使用　　　　　　　　　　　　　　　　（单位：mm）

d	bhc	端钩同向 $L_1 = B-2bhc+2d$	端钩异向 $L_1 = \sqrt{(B-2bhc-2R)^2 - (2R+d)^2} + 2R + 2d$
6	25	112	102
6	30	102	90
6.5	25	113	101
6.5	30	103	88

d	bhc	端钩同向 $L_1=B-2bhc+2d$	端钩异向 $L_1=\sqrt{(B-2bhc-2R)^2-(2R+d)^2}+2R+2d$
8	25	116	92
8	30	106	70
10	25	—	—
10	30	—	—
12	25	—	—
12	30	—	—

表 1-16   同向、异向双钩拉筋的外皮尺寸 L_1 比较表

限于 $B=180mm$；$R=2.5d$ 使用   （单位：mm）

d	bhc	端钩同向 $L_1=B-2bhc+2d$	端钩异向 $L_1=\sqrt{(B-2bhc-2R)^2-(2R+d)^2}+2R+2d$
6	25	142	135
6	30	132	125
6.5	25	143	135
6.5	30	133	124
8	25	146	132
8	30	136	120
10	25	150	123
10	30	140	106
12	25	—	—
12	30	—	—

表 1-17   同向、异向双钩拉筋的外皮尺寸 L_1 比较表

限于 $B=200mm$；$R=2.5d$ 使用   （单位：mm）

d	bhc	端钩同向 $L_1=B-2bhc+2d$	端钩异向 $L_1=\sqrt{(B-2bhc-2R)^2-(2R+d)^2}+2R+2d$
6	25	162	157
6	30	152	146
6.5	25	163	156
6.5	30	153	146
8	25	166	155
8	30	156	144
10	25	170	150
10	30	160	137
12	25	174	138
12	30	164	119

表 1－18 同向、异向双钩拉筋的外皮尺寸 L_1 比较表

限于 $B＝250mm$；$R＝2.5d$ 使用 （单位：mm）

d	bhc	端钩同向 $L_1＝B-2bhc+2d$	端钩异向 $L_1＝\sqrt{(B-2bhc-2R)^2-(2R+d)^2}+2R+2d$
6	25	212	208
	30	202	198
6.5	25	213	208
	30	203	198
8	25	216	209
	30	206	198
10	25	220	207
	30	210	197
12	25	224	204
	30	214	192

表 1－19 同向、异向双钩拉筋的外皮尺寸 L_1 比较表

限于 $B＝300mm$；$R＝2.5d$ 使用 （单位：mm）

d	bhc	端钩同向 $L_1＝B-2bhc+2d$	端钩异向 $L_1＝\sqrt{(B-2bhc-2R)^2-(2R+d)^2}+2R+2d$
6	25	262	259
	30	252	249
6.5	25	263	260
	30	253	249
8	25	266	260
	30	256	250
10	25	270	261
	30	260	250
12	25	274	260
	30	264	249

表 1－20 同向、异向双钩拉筋的外皮尺寸 L_1 比较表

限于 $B＝350mm$；$R＝2.5d$ 使用 （单位：mm）

d	bhc	端钩同向 $L_1＝B-2bhc+2d$	端钩异向 $L_1＝\sqrt{(B-2bhc-2R)^2-(2R+d)^2}+2R+2d$
6	25	312	310
	30	302	300
6.5	25	313	310
	30	303	300

续表

d	bhc	端钩同向 $L_1 = B-2bhc+2d$	端钩异向 $L_1 = \sqrt{(B-2bhc-2R)^2-(2R+d)^2}+2R+2d$
8	25	316	312
8	30	306	301
10	25	320	313
10	30	310	302
12	25	324	313
12	30	314	302

表 1-21　　　　　　同向、异向双钩拉筋的外皮尺寸 L_1 比较表

限于 $B=400mm$；$R=2.5d$ 使用　　　　　　　　　　　　（单位：mm）

d	bhc	端钩同向 $L_1 = B-2bhc+2d$	端钩异向 $L_1 = \sqrt{(B-2bhc-2R)^2-(2R+d)^2}+2R+2d$
6	25	362	360
6	30	352	350
6.5	25	363	361
6.5	30	353	351
8	25	366	362
8	30	356	352
10	25	370	364
10	30	360	354
12	25	374	365
12	30	364	355

表 1-22　　　　　　同向、异向双钩拉筋的外皮尺寸 L_1 比较表

限于 $B=450mm$；$R=2.5d$ 使用　　　　　　　　　　　　（单位：mm）

d	bhc	端钩同向 $L_1 = B-2bhc+2d$	端钩异向 $L_1 = \sqrt{(B-2bhc-2R)^2-(2R+d)^2}+2R+2d$
6	25	412	410
6	30	402	400
6.5	25	413	411
6.5	30	403	401
8	25	416	413
8	30	406	403
10	25	420	415
10	30	410	405
12	25	424	416
12	30	414	406

表 1－23　　　　　　　**同向、异向双钩拉筋的外皮尺寸 L_1 比较表**

限于 $B＝500\text{mm}$；$R＝2.5d$ 使用　　　　　　　　　　　　　　（单位：mm）

d	bhc	端钩同向 $L_1＝B－2bhc＋2d$	端钩异向 $L_1＝\sqrt{(B－2bhc－2R)^2－(2R＋d)^2}＋2R＋2d$
6	25	462	461
	30	452	450
6.5	25	463	461
	30	453	451
8	25	466	463
	30	456	453
10	25	470	466
	30	460	455
12	25	474	467
	30	464	457

表 1－24　　　　　　　**同向、异向双钩拉筋的外皮尺寸 L_1 比较表**

限于 $B＝550\text{mm}$；$R＝2.5d$ 使用　　　　　　　　　　　　　　（单位：mm）

d	bhc	端钩同向 $L_1＝B－2bhc＋2d$	端钩异向 $L_1＝\sqrt{(B－2bhc－2R)^2－(2R＋d)^2}＋2R＋2d$
6	25	512	511
	30	502	501
6.5	25	513	511
	30	503	501
8	25	516	514
	30	506	503
10	25	520	516
	30	510	506
12	25	524	518
	30	514	508

表 1－25　　　　　　　**同向、异向双钩拉筋的外皮尺寸 L_1 比较表**

限于 $B＝600\text{mm}$；$R＝2.5d$ 使用　　　　　　　　　　　　　　（单位：mm）

d	bhc	端钩同向 $L_1＝B－2bhc＋2d$	端钩异向 $L_1＝\sqrt{(B－2bhc－2R)^2－(2R＋d)^2}＋2R＋2d$
6	25	562	561
	30	552	551
6.5	25	563	561
	30	553	552

续表

d	bhc	端钩同向 $L_1 = B - 2bhc + 2d$	端钩异向 $L_1 = \sqrt{(B-2bhc-2R)^2 - (2R+d)^2} + 2R + 2d$
8	25	566	564
	30	556	554
10	25	570	566
	30	560	556
12	25	574	569
	30	564	559

请特别注意，当钢筋弯曲半径（R＝2.5d）＜纵向受力钢筋的直径时，应该用纵向受力钢筋的直径取代（R＝2.5d），另行计算。

再比如，具有异向钩的拉筋，绑扎后的样子和尺寸，如图 1-68 （a）所示。

该拉筋预加工成 90°如图 1-68 （b）。图中 $L_2' = L_2 +$ 钢筋外皮差值。钢筋外皮差值见表 1-3。

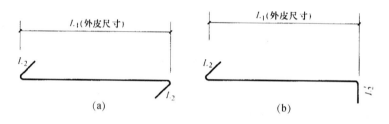

图 1-68 异向钩的拉筋绑扎后的样子和尺寸

◆ 同时勾住纵向受力钢筋和箍筋的拉筋

在梁、柱构件中经常遇到拉筋同时勾住纵向受力钢筋和箍筋，如图 1-69 所示。这种钢筋的外皮长度尺寸，比只勾住纵向受力钢筋的拉筋，长两个箍筋直径。如果是具有异向钩的拉筋，可以采用表 1-15～表 1-25 中的数据计算。

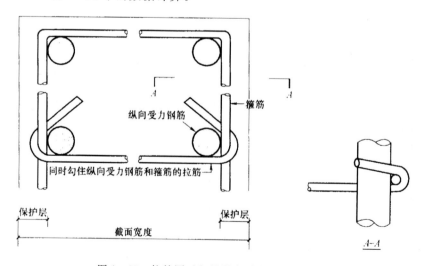

图 1-69 拉筋同时勾柱纵向受力钢筋和箍筋

从式（1-56）根号中的因子分析可以看出，外皮尺寸 L_1 存在定义域，截面宽度是有限度的。

【实　　例】

【例 1-19】 已知具有双端为 135° 的拉筋（图 1-70）：

$d=6mm$；$md=5d=30mm$；$L_1=362mm$；$L_2=51mm$；

下料长度 $=L_1+2L_2=464mm$

求具有双端为 135° 的拉筋中的一个钩预加工为 90°，请利用表 1-13 查找数据，画出钢筋，注出 L_2'，并计算下料长度以资验算。

图 1-70　双端为 135° 的拉筋

【解】

查表 1-13 知，L_2' 为 65mm；并且其下料长度

$$362+51+65-2.288\times6=464.272(mm)$$

验算答案如图 1-71 所示，基本正确。

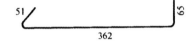

图 1-71　计算结果图

【例 1-20】 已知具有双端为 180° 的拉筋（图 1-72）：

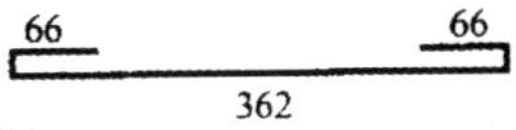

图 1-72　双端为 180° 的拉筋

$d=6mm$；$md=5d=30mm$；$L_1=362mm$；$L_2=66mm$；下料长度 $=L_1+2L_2=494mm$

求具有双端为 180° 的拉筋中的一个钩预加工为 90°，请利用表 1-14 查找数据，画出钢筋，注出 L_2'，并计算下料长度以资验算。

【解】

查表 1-14 知，L_2' 为 79mm；并且其下料长度

$$362+66+79-2.288\times6=493.272(mm)$$

验算答案如图 1-73 所示，基本正确。

图 1-73　计算结果图

【例 1-21】 设有梁 $B=400mm$，$bhc=25mm$，$d=6mm$，$R=2.5d$。

求具有两端 135° 钩、而方向相反的拉筋外皮尺寸 L_1。

【解】

代入公式（1-56）得：

$$\begin{aligned}拉筋外皮尺寸 L_1 &= \sqrt{(B-2bhc-2R)^2-(2R+d)^2}+2R+2d\\&=\sqrt{(400-50-30)^2-(30+6)^2}+30+12\\&=360(mm)\end{aligned}$$

2

梁构件钢筋下料

2.1 贯通筋下料

【下料方法】

◆贯通筋下料计算

贯通筋的加工尺寸,分为三段,如图 2-1 所示。

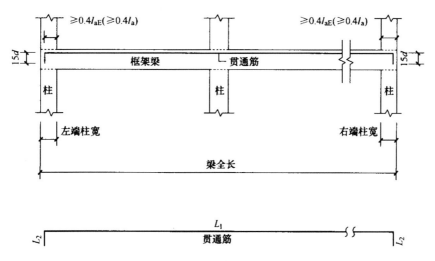

图 2-1 贯通筋的加工尺寸

图中"$\geq 0.4l_{aE}$"表示一、二、三、四级抗震等级钢筋,进入柱中水平方向的锚固长度值。括弧中的"$0.4l_a$"表示非抗震等级钢筋,进入柱中水平方向锚固长度值。图中"$15d$"表示在柱中竖向的锚固长度值。

在标注贯通筋加工尺寸时,不要忘记它是标注的外皮尺寸。这时,在求下料长度时,需要减去由于有两个直角钩而发生的外皮差值。

在框架结构的构件中,纵向受力钢筋的直角弯曲半径有单独的规定,见表 1-3。

在框架结构的构件中,常用的钢筋有 HRB335 级和 HRB400 级钢筋;常用的混凝土有 C30、C35 和 $\geq$C40 的几种。另外,还要考虑结构的抗震等级等因素。

综合上述各种因素,为了计算方便,用表的形式把计算公式列入其中。见表 2-1~表 2-6。

表 2 - 1　　　　　　　　　　HRB335 级钢筋 C30 混凝土框架梁贯通筋计算表　　　　　　　　（单位：mm）

抗震等级	l_{aE}（l_a）	直径	L_1	L_2	下料长度
一级抗震	$34d$	$d{\leqslant}25$	梁全长－左端柱宽－右端柱宽＋$2{\times}13.6d$		
	$38d$	$d{>}25$	梁全长－左端柱宽－右端柱宽＋$2{\times}15.2d$		
二级抗震	$34d$	$d{\leqslant}25$	梁全长－左端柱宽－右端柱宽＋$2{\times}13.6d$		
	$38d$	$d{>}25$	梁全长－左端柱宽－右端柱宽＋$2{\times}15.2d$		
三级抗震	$31d$	$d{\leqslant}25$	梁全长－左端柱宽－右端柱宽＋$2{\times}12.4d$	$15d$	$L_1+2{\times}L_2-2{\times}$外皮差值
	$34d$	$d{>}25$	梁全长－左端柱宽－右端柱宽＋$2{\times}13.6d$		
四级抗震	（$30d$）	$d{\leqslant}25$	梁全长－左端柱宽－右端柱宽＋$2{\times}12d$		
	（$33d$）	$d{>}25$	梁全长－左端柱宽－右端柱宽＋$2{\times}13.2d$		
非抗震级	（$30d$）	$d{\leqslant}25$	梁全长－左端柱宽－右端柱宽＋$2{\times}12d$		
	（$33d$）	$d{>}25$	梁全长－左端柱宽－右端柱宽＋$2{\times}13.2d$		

表 2 - 2　　　　　　　　　　HRB335 级钢筋 C35 混凝土框架梁贯通筋计算表　　　　　　　　（单位：mm）

抗震等级	l_{aE}（l_a）	直径	L_1	L_2	下料长度
一级抗震	$31d$	$d{\leqslant}25$	梁全长－左端柱宽－右端柱宽＋$2{\times}12.4d$		
	$34d$	$d{>}25$	梁全长－左端柱宽－右端柱宽＋$2{\times}13.6d$		
二级抗震	$31d$	$d{\leqslant}25$	梁全长－左端柱宽－右端柱宽＋$2{\times}12.4d$		
	$34d$	$d{>}25$	梁全长－左端柱宽－右端柱宽＋$2{\times}13.6d$		
三级抗震	$29d$	$d{\leqslant}25$	梁全长－左端柱宽－右端柱宽＋$2{\times}11.6d$	$15d$	$L_1+2{\times}L_2-2{\times}$外皮差值
	$31d$	$d{>}25$	梁全长－左端柱宽－右端柱宽＋$2{\times}12.4d$		
四级抗震	（$27d$）	$d{\leqslant}25$	梁全长－左端柱宽－右端柱宽＋$2{\times}10.8d$		
	（$30d$）	$d{>}25$	梁全长－左端柱宽－右端柱宽＋$2{\times}12d$		
非抗震级	（$27d$）	$d{\leqslant}25$	梁全长－左端柱宽－右端柱宽＋$2{\times}10.8d$		
	（$30d$）	$d{>}25$	梁全长－左端柱宽－右端柱宽＋$2{\times}12d$		

表 2 - 3　　　　　　　　　　HRB335 级钢筋${\geqslant}$C40 混凝土框架梁贯通筋计算表　　　　　　　　（单位：mm）

抗震等级	l_{aE}（l_a）	直径	L_1	L_2	下料长度
一级抗震	$29d$	$d{\leqslant}25$	梁全长－左端柱宽－右端柱宽＋$2{\times}11.6d$		
	$32d$	$d{>}25$	梁全长－左端柱宽－右端柱宽＋$2{\times}12.8d$		
二级抗震	$29d$	$d{\leqslant}25$	梁全长－左端柱宽－右端柱宽＋$2{\times}11.6d$		
	$32d$	$d{>}25$	梁全长－左端柱宽－右端柱宽＋$2{\times}12.8d$		
三级抗震	$26d$	$d{\leqslant}25$	梁全长－左端柱宽－右端柱宽＋$2{\times}10.4d$	$15d$	$L_1+2{\times}L_2-2{\times}$外皮差值
	$29d$	$d{>}25$	梁全长－左端柱宽－右端柱宽＋$2{\times}11.6d$		
四级抗震	（$25d$）	$d{\leqslant}25$	梁全长－左端柱宽－右端柱宽＋$2{\times}10d$		
	（$27d$）	$d{>}25$	梁全长－左端柱宽－右端柱宽＋$2{\times}10.8d$		
非抗震级	（$25d$）	$d{\leqslant}25$	梁全长－左端柱宽－右端柱宽＋$2{\times}10d$		
	（$27d$）	$d{>}25$	梁全长－左端柱宽－右端柱宽＋$2{\times}10.8d$		

表 2-4   HRB400 级钢筋 C30 混凝土框架梁贯通筋计算表   （单位：mm）

抗震等级	l_{aE} (l_a)	直径	L_1	L_2	下料长度
一级抗震	$41d$	$d \leqslant 25$	梁全长－左端柱宽－右端柱宽＋2×16.4d	$15d$	$L_1 + 2 \times L_2 - 2 \times$外皮差值
	$45d$	$d > 25$	梁全长－左端柱宽－右端柱宽＋2×18d		
二级抗震	$41d$	$d \leqslant 25$	梁全长－左端柱宽－右端柱宽＋2×16.4d		
	$45d$	$d > 25$	梁全长－左端柱宽－右端柱宽＋2×18d		
三级抗震	$37d$	$d \leqslant 25$	梁全长－左端柱宽－右端柱宽＋2×14.8d		
	$41d$	$d > 25$	梁全长－左端柱宽－右端柱宽＋2×16.4d		
四级抗震	($36d$)	$d \leqslant 25$	梁全长－左端柱宽－右端柱宽＋2×14.4d		
	($39d$)	$d > 25$	梁全长－左端柱宽－右端柱宽＋2×15.6d		
非抗震级	($36d$)	$d \leqslant 25$	梁全长－左端柱宽－右端柱宽＋2×14.4d		
	($39d$)	$d > 25$	梁全长－左端柱宽－右端柱宽＋2×15.6d		

表 2-5   HRB400 级钢筋 C35 混凝土框架梁贯通筋计算表   （单位：mm）

抗震等级	l_{aE} (l_a)	直径	L_1	L_2	下料长度
一级抗震	$37d$	$d \leqslant 25$	梁全长－左端柱宽－右端柱宽＋2×14.8d	$15d$	$L_1 + 2 \times L_2 - 2 \times$外皮差值
	$41d$	$d > 25$	梁全长－左端柱宽－右端柱宽＋2×16.4d		
二级抗震	$37d$	$d \leqslant 25$	梁全长－左端柱宽－右端柱宽＋2×14.8d		
	$41d$	$d > 25$	梁全长－左端柱宽－右端柱宽＋2×16.4d		
三级抗震	$34d$	$d \leqslant 25$	梁全长－左端柱宽－右端柱宽＋2×13.6d		
	$38d$	$d > 25$	梁全长－左端柱宽－右端柱宽＋2×15.2d		
四级抗震	($33d$)	$d \leqslant 25$	梁全长－左端柱宽－右端柱宽＋2×13.2d		
	($36d$)	$d > 25$	梁全长－左端柱宽－右端柱宽＋2×14.4d		
非抗震级	($33d$)	$d \leqslant 25$	梁全长－左端柱宽－右端柱宽＋2×13.2d		
	($36d$)	$d > 25$	梁全长－左端柱宽－右端柱宽＋2×14.4d		

表 2-6   HRB400 级钢筋 ≥C40 混凝土框架梁贯通筋计算表   （单位：mm）

抗震等级	l_{aE} (l_a)	直径	L_1	L_2	下料长度
一级抗震	$34d$	$d \leqslant 25$	梁全长－左端柱宽－右端柱宽＋2×13.6d	$15d$	$L_1 + 2 \times L_2 - 2 \times$外皮差值
	$38d$	$d > 25$	梁全长－左端柱宽－右端柱宽＋2×15.2d		
二级抗震	$34d$	$d \leqslant 25$	梁全长－左端柱宽－右端柱宽＋2×13.6d		
	$38d$	$d > 25$	梁全长－左端柱宽－右端柱宽＋2×15.2d		
三级抗震	$31d$	$d \leqslant 25$	梁全长－左端柱宽－右端柱宽＋2×12.4d		
	$34d$	$d > 25$	梁全长－左端柱宽－右端柱宽＋2×13.6d		
四级抗震	($30d$)	$d \leqslant 25$	梁全长－左端柱宽－右端柱宽＋2×12d		
	($33d$)	$d > 25$	梁全长－左端柱宽－右端柱宽＋2×13.2d		
非抗震级	($30d$)	$d \leqslant 25$	梁全长－左端柱宽－右端柱宽＋2×12d		
	($33d$)	$d > 25$	梁全长－左端柱宽－右端柱宽＋2×13.2d		

【实　　例】

【例 2-1】 已知抗震等级为二级的框架楼层连续梁，选用 HRB335 级钢筋，直径 $d=22\text{mm}$，C30 混凝土，梁全长为 30m，两端柱宽度均为 500mm。

求加工尺寸（即简图及其外皮尺寸）和下料长度尺寸。

【解】

$L_1 =$ 梁全长 - 左端柱宽度 - 右端柱宽度 $+2\times13.6d$

$\quad\ =30000-500-500+2\times13.6\times22$

$\quad\ =29598.4(\text{mm})$

$L_2 =15d$

$\quad\ =15\times22$

$\quad\ =330(\text{mm})$

下料长度 $=L_1+2\times L_2-2\times$ 外皮差值——外皮差值查表 1-3 得出

$\qquad\quad =29598.4+2\times330-2\times2.931d$

$\qquad\quad =29598.4+2\times330-2\times2.931\times22$

$\qquad\quad \approx30129(\text{mm})$

2.2　边跨直角筋下料

常遇问题

1. 边跨上部直角筋如何下料？

2. 边跨上部一排直角筋下料需要考虑哪些因素？

3. 边跨下部直角筋如何下料？

4. 边跨下部一排直角筋下料需要考虑哪些因素？

【下料方法】

◆**边跨上部直角筋下料**

（1）边跨上部一排直角筋的加工、下料尺寸计算原理

结合图 2-2 及图 2-3 可知，这是梁与边柱接交处，放置在梁的上部，承受负弯矩的直角形钢筋。筋的 L_1 部分由两部分组成：三分之一边净跨长度，加上 $0.4l_{aE}$。计算时参看表 2-7～表 2-12 进行。

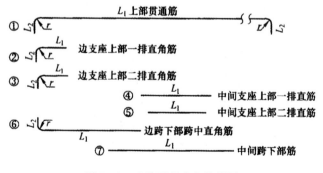

图 2-2　边跨下部直角筋详图

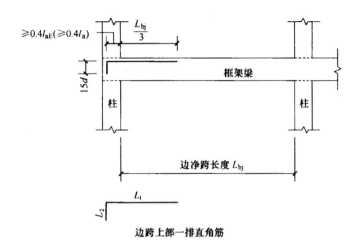

图 2-3　边跨上部一排直角筋详图

表 2-7　　　　HRB335 级钢筋 C30 混凝土框架梁边跨上部一排直角筋计算表　　　（单位：mm）

抗震等级	l_{aE}（l_a）	直径	L_1	L_2	下料长度
一级抗震	34d	d≤25	边净跨长度/3+13.6d		
	38d	d>25	边净跨长度/3+15.2d		
二级抗震	34d	d≤25	边净跨长度/3+13.6d		
	38d	d>25	边净跨长度/3+15.2d		
三级抗震	31d	d≤25	边净跨长度/3+12.4d	15d	L_1+L_2－外皮差值
	34d	d>25	边净跨长度/3+13.6d		
四级抗震	(30d)	d≤25	边净跨长度/3+12d		
	(33d)	d>25	边净跨长度/3+13.2d		
非抗震级	(30d)	d≤25	边净跨长度/3+12d		
	(33d)	d>25	边净跨长度/3+13.2d		

表 2-8　　　　HRB335 级钢筋 C35 混凝土框架梁边跨上部一排直角筋计算表　　　（单位：mm）

抗震等级	l_{aE}（l_a）	直径	L_1	L_2	下料长度
一级抗震	31d	d≤25	边净跨长度/3+12.4d		
	34d	d>25	边净跨长度/3+13.6d		
二级抗震	31d	d≤25	边净跨长度/3+12.4d		
	34d	d>25	边净跨长度/3+13.6d		
三级抗震	29d	d≤25	边净跨长度/3+11.6d	15d	L_1+L_2－外皮差值
	31d	d>25	边净跨长度/3+12.4d		
四级抗震	(27d)	d≤25	边净跨长度/3+10.8d		
	(30d)	d>25	边净跨长度/3+12d		
非抗震级	(27d)	d≤25	边净跨长度/3+10.8d		
	(30d)	d>25	边净跨长度/3+12d		

表 2 - 9　　　　　HRB335 级钢筋≥C40 混凝土框架梁边跨上部一排直角筋计算表　　　　（单位：mm）

抗震等级	l_{aE} (l_a)	直径	L_1	L_2	下料长度
一级抗震	$29d$	$d \leqslant 25$	边净跨长度/3+11.6d		
	$32d$	$d > 25$	边净跨长度/3+12.8d		
二级抗震	$29d$	$d \leqslant 25$	边净跨长度/3+11.6d		
	$32d$	$d > 25$	边净跨长度/3+12.8d		
三级抗震	$26d$	$d \leqslant 25$	边净跨长度/3+10.4d	$15d$	L_1+L_2-外皮差值
	$29d$	$d > 25$	边净跨长度/3+11.6d		
四级抗震	$(25d)$	$d \leqslant 25$	边净跨长度/3+10d		
	$(27d)$	$d > 25$	边净跨长度/3+10.8d		
非抗震级	$(25d)$	$d \leqslant 25$	边净跨长度/3+10d		
	$(27d)$	$d > 25$	边净跨长度/3+10.8d		

表 2 - 10　　　　　HRB400 级钢筋 C30 混凝土框架梁边跨上部一排直角筋计算表　　　　（单位：mm）

抗震等级	l_{aE} (l_a)	直径	L_1	L_2	下料长度
一级抗震	$41d$	$d \leqslant 25$	边净跨长度/3+16.4d		
	$45d$	$d > 25$	边净跨长度/3+18d		
二级抗震	$41d$	$d \leqslant 25$	边净跨长度/3+16.4d		
	$45d$	$d > 25$	边净跨长度/3+18d		
三级抗震	$37d$	$d \leqslant 25$	边净跨长度/3+14.8d	$15d$	L_1+L_2-外皮差值
	$41d$	$d > 25$	边净跨长度/3+16.4d		
四级抗震	$(36d)$	$d \leqslant 25$	边净跨长度/3+14.4d		
	$(39d)$	$d > 25$	边净跨长度/3+15.6d		
非抗震级	$(36d)$	$d \leqslant 25$	边净跨长度/3+14.4d		
	$(39d)$	$d > 25$	边净跨长度/3+15.6d		

表 2 - 11　　　　　HRB400 级钢筋 C35 混凝土框架梁边跨上部一排直角筋计算表　　　　（单位：mm）

抗震等级	l_{aE} (l_a)	直径	L_1	L_2	下料长度
一级抗震	$37d$	$d \leqslant 25$	边净跨长度/3+14.8d		
	$41d$	$d > 25$	边净跨长度/3+16.4d		
二级抗震	$37d$	$d \leqslant 25$	边净跨长度/3+14.8d		
	$41d$	$d > 25$	边净跨长度/3+16.4d		
三级抗震	$34d$	$d \leqslant 25$	边净跨长度/3+13.6d	$15d$	L_1+L_2-外皮差值
	$38d$	$d > 25$	边净跨长度/3+15.2d		
四级抗震	$(33d)$	$d \leqslant 25$	边净跨长度/3+13.2d		
	$(36d)$	$d > 25$	边净跨长度/3+14.4d		
非抗震级	$(33d)$	$d \leqslant 25$	边净跨长度/3+13.2d		
	$(36d)$	$d > 25$	边净跨长度/3+14.4d		

表 2 - 12 　　HRB400 级钢筋≥C40 混凝土框架梁边跨上部一排直角筋计算表 　　　（单位：mm）

抗震等级	l_{aE} (l_a)	直径	L_1	L_2	下料长度
一级抗震	$34d$	$d \leqslant 25$	边净跨长度/3+13.6d		
	$38d$	$d > 25$	边净跨长度/3+15.2d		
二级抗震	$34d$	$d \leqslant 25$	边净跨长度/3+13.6d		
	$38d$	$d > 25$	边净跨长度/3+15.2d		
三级抗震	$31d$	$d \leqslant 25$	边净跨长度/3+12.4d	$15d$	$L_1 + L_2 -$外皮差值
	$34d$	$d > 25$	边净跨长度/3+13.6d		
四级抗震	$(30d)$	$d \leqslant 25$	边净跨长度/3+12d		
	$(33d)$	$d > 25$	边净跨长度/3+13.2d		
非抗震级	$(30d)$	$d \leqslant 25$	边净跨长度/3+12d		
	$(33d)$	$d > 25$	边净跨长度/3+13.2d		

（2）边跨上部二排直角筋的加工、下料尺寸计算

边跨上部二排直角筋的加工、下料尺寸和边跨上部一排直角筋的加工、下料尺寸的计算方法基本相同。仅差在 L_1 中前者是四分之一边净跨度，而后者是三分之一边净跨度。参看图 2-4。

计算方法与前节类似，计算步骤此处就省略了。

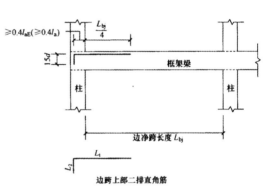

图 2-4 边跨上部二排直角筋详图

◆边跨下部跨中直角筋下料

如图 2-5 所示，L_1 是由三部分组成，即锚入边柱部分、锚入中柱部分、边净跨度部分。

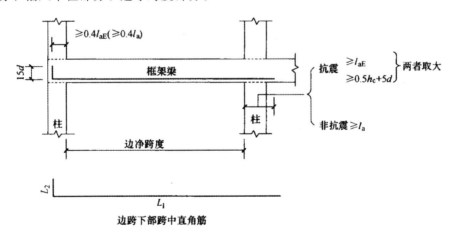

图 2-5 边跨下部跨中直角筋详图

下料长度＝$L_1 + L_2 -$外皮差值 　　　　　　　（2-1）

具体计算见表 2-13 至表 2-18。在表 2-13 至表 2-18 的附注中，提及的 h_c，系指框架方向柱宽。

表 2－13　　　　　HRB335 级钢筋 C30 混凝土框架梁边跨下部跨中直角筋计算表　　　　（单位：mm）

抗震等级	l_{aE} (l_a)	直径	L_1	L_2	下料长度
一级抗震	$34d$	$d \leqslant 25$	$13.6d +$ 边净跨度 ＋ 锚固值	$15d$	$L_1 + L_2 -$ 外皮差值
	$38d$	$d > 25$	$15.2d +$ 边净跨度 ＋ 锚固值		
二级抗震	$34d$	$d \leqslant 25$	$13.6d +$ 边净跨度 ＋ 锚固值		
	$38d$	$d > 25$	$15.2d +$ 边净跨度 ＋ 锚固值		
三级抗震	$31d$	$d \leqslant 25$	$12.4d +$ 边净跨度 ＋ 锚固值		
	$34d$	$d > 25$	$13.6d +$ 边净跨度 ＋ 锚固值		
四级抗震	$(30d)$	$d \leqslant 25$	$12d +$ 边净跨度 ＋ 锚固值		
	$(33d)$	$d > 25$	$13.2d +$ 边净跨度 ＋ 锚固值		
非抗震级	$(30d)$	$d \leqslant 25$	$12d +$ 边净跨度 ＋ $30d$		
	$(33d)$	$d > 25$	$13.2d +$ 边净跨度 ＋ $33d$		

注： l_{aE} 与 $0.5h_c + 5d$，两者取大，令其等于 "锚固值"；外皮差值查表 1－3。

表 2－14　　　　　HRB335 级钢筋 C35 混凝土框架梁边跨下部跨中直角筋计算表　　　　（单位：mm）

抗震等级	l_{aE} (l_a)	直径	L_1	L_2	下料长度
一级抗震	$31d$	$d \leqslant 25$	$12.4d +$ 边净跨度 ＋ 锚固值	$15d$	$L_1 + L_2 -$ 外皮差值
	$34d$	$d > 25$	$13.6d +$ 边净跨度 ＋ 锚固值		
二级抗震	$31d$	$d \leqslant 25$	$12.4d +$ 边净跨度 ＋ 锚固值		
	$34d$	$d > 25$	$13.6d +$ 边净跨度 ＋ 锚固值		
三级抗震	$29d$	$d \leqslant 25$	$11.6d +$ 边净跨度 ＋ 锚固值		
	$31d$	$d > 25$	$12.4d +$ 边净跨度 ＋ 锚固值		
四级抗震	$(27d)$	$d \leqslant 25$	$10.8d +$ 边净跨度 ＋ 锚固值		
	$(30d)$	$d > 25$	$12d +$ 边净跨度 ＋ 锚固值		
非抗震级	$(27d)$	$d \leqslant 25$	$10.8d +$ 边净跨度 ＋ $27d$		
	$(30d)$	$d > 25$	$12d +$ 边净跨度 ＋ $30d$		

注： l_{aE} 与 $0.5h_c + 5d$，两者取大，令其等于 "锚固值"；外皮差值查表 1－3。

表 2－15　　　　　HRB335 级钢筋 ≥C40 混凝土框架梁边跨下部跨中直角筋计算表　　　　（单位：mm）

抗震等级	l_{aE} (l_a)	直径	L_1	L_2	下料长度
一级抗震	$29d$	$d \leqslant 25$	$11.6d +$ 边净跨度 ＋ 锚固值	$15d$	$L_1 + L_2 -$ 外皮差值
	$32d$	$d > 25$	$12.8d +$ 边净跨度 ＋ 锚固值		
二级抗震	$29d$	$d \leqslant 25$	$11.6d +$ 边净跨度 ＋ 锚固值		
	$32d$	$d > 25$	$12.8d +$ 边净跨度 ＋ 锚固值		
三级抗震	$26d$	$d \leqslant 25$	$10.4d +$ 边净跨度 ＋ 锚固值		
	$29d$	$d > 25$	$11.6d +$ 边净跨度 ＋ 锚固值		
四级抗震	$(25d)$	$d \leqslant 25$	$10d +$ 边净跨度 ＋ 锚固值		
	$(27d)$	$d > 25$	$10.8d +$ 边净跨度 ＋ 锚固值		
非抗震级	$(25d)$	$d \leqslant 25$	$10d +$ 边净跨度 ＋ $25d$		
	$(27d)$	$d > 25$	$10.8d +$ 边净跨度 ＋ $27d$		

注： l_{aE} 与 $0.5h_c + 5d$，两者取大，令其等于 "锚固值"；外皮差值查表 1－3。

表 2-16　　　　　　HRB400 级钢筋 C30 混凝土框架梁边跨下部跨中直角筋计算表　　　　（单位：mm）

抗震等级	l_{aE}（l_a）	直径	L_1	L_2	下料长度
一级抗震	$41d$	$d{\leqslant}25$	$16.4d+$边净跨度$+$锚固值	$15d$	L_1+L_2-外皮差值
	$45d$	$d{>}25$	$18d+$边净跨度$+$锚固值		
二级抗震	$41d$	$d{\leqslant}25$	$16.4d+$边净跨度$+$锚固值		
	$45d$	$d{>}25$	$18d+$边净跨度$+$锚固值		
三级抗震	$37d$	$d{\leqslant}25$	$14.8d+$边净跨度$+$锚固值		
	$41d$	$d{>}25$	$16.4d+$边净跨度$+$锚固值		
四级抗震	（$36d$）	$d{\leqslant}25$	$14.4d+$边净跨度$+$锚固值		
	（$39d$）	$d{>}25$	$15.6d+$边净跨度$+$锚固值		
非抗震级	（$36d$）	$d{\leqslant}25$	$14.4d+$边净跨度$+36d$		
	（$39d$）	$d{>}25$	$15.6d+$边净跨度$+39d$		

注：l_{aE} 与 $0.5h_c+5d$，两者取大，令其等于"锚固值"；外皮差值查表 1-3。

表 2-17　　　　　　HRB400 级钢筋 C35 混凝土框架梁边跨下部跨中直角筋计算表　　　　（单位：mm）

抗震等级	l_{aE}（l_a）	直径	L_1	L_2	下料长度
一级抗震	$37d$	$d{\leqslant}25$	$14.8d+$边净跨度$+$锚固值	$15d$	L_1+L_2-外皮差值
	$41d$	$d{>}25$	$16.4d+$边净跨度$+$锚固值		
二级抗震	$37d$	$d{\leqslant}25$	$14.8d+$边净跨度$+$锚固值		
	$41d$	$d{>}25$	$16.4d+$边净跨度$+$锚固值		
三级抗震	$34d$	$d{\leqslant}25$	$13.6d+$边净跨度$+$锚固值		
	$38d$	$d{>}25$	$15.2d+$边净跨度$+$锚固值		
四级抗震	（$33d$）	$d{\leqslant}25$	$13.2d+$边净跨度$+$锚固值		
	（$36d$）	$d{>}25$	$14.4d+$边净跨度$+$锚固值		
非抗震级	（$33d$）	$d{\leqslant}25$	$13.2d+$边净跨度$+33d$		
	（$36d$）	$d{>}25$	$14.4d+$边净跨度$+36d$		

注：l_{aE} 与 $0.5h_c+5d$，两者取大，令其等于"锚固值"；外皮差值查表 1-3。

表 2-18　　　　　　HRB400 级钢筋 $\geqslant$C40 混凝土框架梁边跨下部跨中直角筋计算表　　　　（单位：mm）

抗震等级	l_{aE}（l_a）	直径	L_1	L_2	下料长度
一级抗震	$34d$	$d{\leqslant}25$	$13.6d+$边净跨度$+$锚固值	$15d$	L_1+L_2-外皮差值
	$38d$	$d{>}25$	$15.2d+$边净跨度$+$锚固值		
二级抗震	$34d$	$d{\leqslant}25$	$13.6d+$边净跨度$+$锚固值		
	$38d$	$d{>}25$	$15.2d+$边净跨度$+$锚固值		
三级抗震	$31d$	$d{\leqslant}25$	$12.4d+$边净跨度$+$锚固值		
	$34d$	$d{>}25$	$13.6d+$边净跨度$+$锚固值		
四级抗震	（$30d$）	$d{\leqslant}25$	$12d+$边净跨度$+$锚固值		
	（$33d$）	$d{>}25$	$13.2d+$边净跨度$+$锚固值		
非抗震级	（$30d$）	$d{\leqslant}25$	$12d+$边净跨度$+30d$		
	（$33d$）	$d{>}25$	$13.2d+$边净跨度$+33d$		

注：l_{aE} 与 $0.5h_c+5d$，两者取大，令其等于"锚固值"；外皮差值查表 1-3。

【实　例】

【例 2 - 2】 已知抗震等级为一级的框架楼层连续梁，选用 HRB400 钢筋，直径 $d=24\text{mm}$，C35 混凝土，边净跨长度为 5m。

求加工尺寸（即简图及其外皮尺寸）和下料长度尺寸。

【解】

$L_1 =$ 三分之一边净跨长度 $+0.4l_{aE}$——l_{aE} 查表 2 - 11

$\quad = 5000/3 + 14.8d$

$\quad \approx 1667 + 14.8 \times 24$

$\quad \approx 2022(\text{mm})$

$L_2 = 15d$

$\quad = 15 \times 24$

$\quad = 360(\text{mm})$

下料长度 $= L_1 + L_2 -$ 外皮差值——外皮差值查表 1 - 3

$\quad\quad\quad = 2022 + 360 - 2.931d$

$\quad\quad\quad = 2022 + 360 - 2.931 \times 24$

$\quad\quad\quad \approx 2312(\text{mm})$

2.3　中间支座上部直筋下料

常遇问题

1. 中间支座上部一排直筋如何下料？
2. 中间支座上部二排直筋如何下料？

【下料方法】

◆中间支座上部一排直筋的加工、下料尺寸计算原理

图 2 - 6 所示为中间支座上部一排直筋的示意图，此类直筋的加工、下料尺寸只需取其左、右两净跨长度大者的三分之一再乘以 2，而后加入中间柱宽即可。

设：左净跨长度 $= L_左$；

右净跨长度 $= L_右$；

左、右净跨长度中取较大值 $= L_大$。则有

$$L_1 = 2 \times L_大/3 + 中间柱宽 \quad\quad\quad (2 - 2)$$

◆中间支座上部二排直筋的加工、下料尺寸

如图 2 - 7 所示，中间支座上二排直筋的加工、下料尺寸计算与一排直筋基本相同，只是取左、右两跨长度大的四分之一进行计算。

设：左净跨长度 $= L_左$；

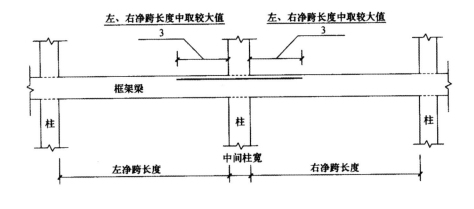

图 2-6 中间支座上部一排直筋详图

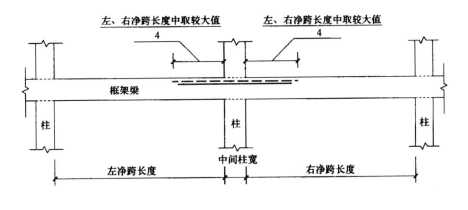

图 2-7 中间支座上部二排直筋详图

右净跨长度＝$L_{右}$；

左、右净跨长度中取较大值＝$L_{大}$。则有

$$L_1 = 2 \times L_{大}/4 + 中间柱宽 \qquad (2-3)$$

【实　例】

【例 2-3】 已知框架楼层连续梁，直径 $d=24\text{mm}$，左净跨长度为 5.5m，右净跨长度为 5.4m，柱宽为 450mm。

求钢筋下料长度尺寸。

【解】

下料长度＝$2 \times 5500/3 + 450$

$\approx 4117(\text{mm})$

2.4　中间跨下部筋下料

【下料方法】

◆中间跨下部筋下料计算

由图 2-8 可知：L_1 是由三部分组成的，即锚入左柱部分、锚入右柱部分、中间净跨长度。

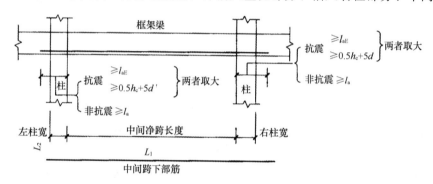

图 2-8　中间跨下部筋详图

下料长度 L_1 ＝中间净跨长度＋锚入左柱部分＋锚入右柱部分　　　　　（2-4）

锚入左柱部分、锚入右柱部分经取较大值后，各称为"左锚固值""右锚固值"。请注意，当左、右两柱的宽度不一样时，两个"锚固值"是不相等的。

具体计算见表 2-19～表 2-24。在表 2-19～表 2-24 的附注中提及的 h_c，系指沿框架方向柱宽。

表 2-19　　　　　　　　　　**HRB335 级钢筋 C30 混凝土框架梁中间跨下部筋计算表**　　　　　（单位：mm）

抗震等级	l_{aE} (l_a)	直径	L_1	L_2	下料长度
一级抗震	$34d$	$d \leqslant 25$			
	$38d$	$d > 25$			
二级抗震	$34d$	$d \leqslant 25$			
	$38d$	$d > 25$			
三级抗震	$31d$	$d \leqslant 25$	锚固值＋中间净跨长度＋右锚固值	$15d$	L_1
	$34d$	$d > 25$			
四级抗震	($30d$)	$d \leqslant 25$			
	($33d$)	$d > 25$			
非抗震级	($30d$)	$d \leqslant 25$			
	($33d$)	$d > 25$			

注：l_{aE} 与 $0.5h_c + 5d$，两者取大，令其等于"锚固值"；外皮差值查表 1-3。

表 2 - 20　　　　　HRB335 级钢筋 C35 混凝土框架梁中间跨下部筋计算表　　　　（单位：mm）

抗震等级	l_{aE} (l_a)	直径	L_1	L_2	下料长度
一级抗震	$31d$	$d \leqslant 25$	左锚固值＋中间净跨长度＋右锚固值	$15d$	L_1
	$34d$	$d > 25$			
二级抗震	$31d$	$d \leqslant 25$			
	$34d$	$d > 25$			
三级抗震	$29d$	$d \leqslant 25$			
	$31d$	$d > 25$			
四级抗震	($27d$)	$d \leqslant 25$			
	($30d$)	$d > 25$			
非抗震级	($27d$)	$d \leqslant 25$			
	($30d$)	$d > 25$			

注：l_{aE} 与 $0.5h_c + 5d$，两者取大，令其等于"锚固值"；外皮差值查表 1 - 3。

表 2 - 21　　　　　HRB335 级钢筋 ≥C40 混凝土框架梁中间跨下部筋计算表　　　　（单位：mm）

抗震等级	l_{aE} (l_a)	直径	L_1	L_2	下料长度
一级抗震	$29d$	$d \leqslant 25$	左锚固值＋中间净跨长度＋右锚固值	$15d$	L_1
	$32d$	$d > 25$			
二级抗震	$29d$	$d \leqslant 25$			
	$32d$	$d > 25$			
三级抗震	$26d$	$d \leqslant 25$			
	$29d$	$d > 25$			
四级抗震	($25d$)	$d \leqslant 25$			
	($27d$)	$d > 25$			
非抗震级	($25d$)	$d \leqslant 25$			
	($27d$)	$d > 25$			

注：l_{aE} 与 $0.5h_c + 5d$，两者取大，令其等于"锚固值"；外皮差值查表 1 - 3。

表 2 - 22　　　　　HRB400 级钢筋 C30 混凝土框架梁中间跨下部筋计算表　　　　（单位：mm）

抗震等级	l_{aE} (l_a)	直径	L_1	L_2	下料长度
一级抗震	$41d$	$d \leqslant 25$	左锚固值＋中间净跨长度＋右锚固值	$15d$	L_1
	$45d$	$d > 25$			
二级抗震	$41d$	$d \leqslant 25$			
	$45d$	$d > 25$			
三级抗震	$37d$	$d \leqslant 25$			
	$41d$	$d > 25$			
四级抗震	($36d$)	$d \leqslant 25$			
	($39d$)	$d > 25$			
非抗震级	($36d$)	$d \leqslant 25$			
	($39d$)	$d > 25$			

注：l_{aE} 与 $0.5h_c + 5d$，两者取大，令其等于"锚固值"；外皮差值查表 1 - 3。

表 2-23　　**HRB400 级钢筋 C35 混凝土框架梁中间跨下部筋计算表**　　（单位：mm）

抗震等级	l_{aE}（l_a）	直径	L_1	L_2	下料长度
一级抗震	$37d$	$d \leqslant 25$	左锚固值＋中间净跨长度＋右锚固值	$15d$	L_1
	$41d$	$d > 25$			
二级抗震	$37d$	$d \leqslant 25$			
	$41d$	$d > 25$			
三级抗震	$34d$	$d \leqslant 25$			
	$38d$	$d > 25$			
四级抗震	$(33d)$	$d \leqslant 25$			
	$(36d)$	$d > 25$			
非抗震级	$(33d)$	$d \leqslant 25$			
	$(36d)$	$d > 25$			

注：l_{aE} 与 $0.5h_c + 5d$，两者取大，令其等于"锚固值"；外皮差值查表 1-3。

表 2-24　　**HRB400 级钢筋 ≥C40 混凝土框架梁中间跨下部筋计算表**　　（单位：mm）

抗震等级	l_{aE}（l_a）	直径	L_1	L_2	下料长度
一级抗震	$34d$	$d \leqslant 25$	左锚固值＋中间净跨长度＋右锚固值	$15d$	L_1
	$38d$	$d > 25$			
二级抗震	$34d$	$d \leqslant 25$			
	$38d$	$d > 25$			
三级抗震	$31d$	$d \leqslant 25$			
	$34d$	$d > 25$			
四级抗震	$(30d)$	$d \leqslant 25$			
	$(33d)$	$d > 25$			
非抗震级	$(30d)$	$d \leqslant 25$			
	$(33d)$	$d > 25$			

注：l_{aE} 与 $0.5h_c + 5d$，两者取大，令其等于"锚固值"；外皮差值查表 1-3。

【实　　例】

【例 2-4】　已知抗震等级为二级的框架楼层连续梁，选用 HRB400 级钢筋，直径 $d=24\text{mm}$，使用 C35 混凝土，中间净跨长度为 5m，左柱宽为 450mm，右柱宽为 550mm。

求加工尺寸（即简图及其外皮尺寸）和下料长度尺寸。

【解】

参见表 2-23。

求 l_{aE}：

$$l_{aE} = 37d$$
$$= 37 \times 24$$
$$= 888(\text{mm})$$

求左锚固值：

$$0.5h_c + 5d = 0.5 \times 450 + 5 \times 24$$
$$= 225 + 120$$
$$= 345(\text{mm})$$

345 与 888 比较，左锚固值＝888。

求右锚固值：

$$0.5h_c + 5d = 0.5 \times 550 + 5 \times 24$$
$$= 275 + 120$$
$$= 395(\text{mm})$$

395 与 888 比较，右锚固值＝888。

求 L_1（这里 L_1＝下料长度）：

$$L_1 = 888 + 5000 + 888$$
$$= 6776(\text{mm})$$

2.5　边跨和中跨搭接架立筋下料

【下料方法】

◆边跨搭接架立筋的下料尺寸计算原理

图 2-9 所示为架立筋与左、右净跨长度、边净跨长度以及搭接长度的关系。

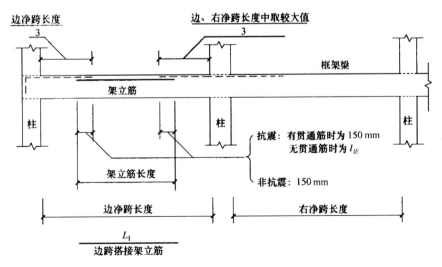

图 2-9　架立筋与左、右净跨长度、边净跨长度以及搭接长度的关系

计算时，首先需要知道和哪个筋搭接。边跨搭接架立筋是要和两根筋搭接：一端是和边跨上部一排直角筋的水平端搭接；另一端是和中间支座上部一排直筋搭接。搭接长度有规定，结构为抗震时：有贯通筋时为 150mm；无贯通筋时为 l_{lE}。考虑此架立筋是构造需要，建议 l_{aE} 按 $1.2l_{aE}$ 取值。结构为非抗震时，搭接长度为 150mm。

计算方法如下：

边净跨长度－（边净跨长度/3）－（左、右净跨长度中取较大值/3）＋2（搭接长度） （2－5）

◆**中跨搭接架立筋的下料尺寸计算原理**

图 2－10 所示为中跨搭接架立筋与左、右净跨长度及中间跨净跨搭接长度的关系。

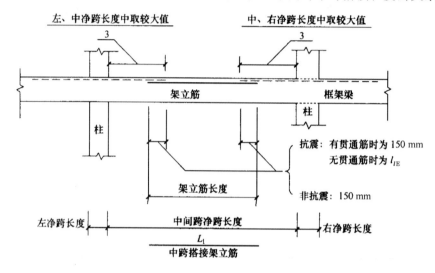

图 2－10　中跨搭接架立筋与左、右净跨长度及中间跨净跨搭接长度的关系

中跨搭接架立筋的下料尺寸计算，与边跨搭接架立筋的下料尺寸计算基本相同。只是把边跨改成了中间跨而已。算法大体同前，看着图 2－10 就能计算了。

【实　例】

【例 2－5】　已知抗震等级为四级的框架楼层连续梁，选用 HRB335 级钢筋，直径 $d＝$ 24mm，采用 C30 混凝土，边净跨长度为 5.5m，柱宽为 450mm。

求加工尺寸（即简图及其外皮尺寸）和下料长度尺寸。

【解】

$l_{aE}＝30d$
$\quad ＝30×24$
$\quad ＝720(mm)$

$0.5h_c＋5d＝225＋120$
$\qquad\qquad ＝345(mm)$

取 720mm

$L_1＝12d＋5500＋720$
$\quad ＝12×24＋5500＋720$
$\quad ＝6508(mm)$

$$L_2 = 15d$$
$$= 15 \times 24$$
$$= 360(\text{mm})$$

下料长度 $= L_1 + L_2 -$ 外皮差值
$$= 6508 + 360 - 2.931d$$
$$= 6508 + 360 - 2.931 \times 24$$
$$\approx 6798(\text{mm})$$

【例 2 - 6】 已知梁已有贯通筋，边净跨长度为 6.5m，右净跨长度为 6m。求架立筋的长度。

【解】

因为边净跨长度比右净跨长度大，所以 $6500 - 6500/3 - 6500/3 + 2 \times 150 \approx 2467(\text{mm})$

2.6 角部附加筋及其余钢筋的下料

常遇问题

1. 角部附加筋如何下料？

2. 腰筋、吊筋、拉筋、箍筋如何下料？

【下料方法】

◆**角部附加筋的计算**

角部附加筋是用在顶层屋面梁与边角柱的节点处，因此它的加工弯曲半径 $R = 6d$，如图 2 - 11 所示。

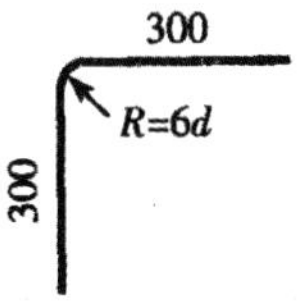

◆**其余钢筋的计算**

(1) 框架柱纵筋向屋面梁中弯锚

1) 通长筋的加工尺寸、下料长度计算公式：

① 加工长度

$$L_1 = 梁全长 - 2 \times 柱筋保护层厚 \qquad (2-6)$$

图 2 - 11 弯曲半径详图

$$L_2 = 梁高 h - 梁筋保护层厚 \qquad (2-7)$$

② 下料长度

$$L = L_1 + 2L_2 - 90° 量度差值 \qquad (2-8)$$

2) 边跨上部直角筋的加工长度、下料长度计算公式：

①第一排

a. 加工尺寸

$$L_1 = L_n 边/3 + h_c - 柱筋保护层厚 \qquad (2-9)$$

$$L_2 = 梁高 h - 梁筋保护层厚 \qquad (2-10)$$

b. 下料长度

$$L = L_1 + L_2 - 90° 量度差值 \tag{2-11}$$

②第二排

a. 加工尺寸

$$L_1 = L_{n边}/4 + h_c - 柱筋保护层厚 + (30d) \tag{2-12}$$

$$L_2 = 梁高 h - 梁筋保护层厚 + (30d) \tag{2-13}$$

b. 下料长度

$$L = L_1 + L_2 - 90° 量度差值 \tag{2-14}$$

（2）屋面梁上部纵筋向框架柱中弯锚

1）通长筋的加工尺寸、下料长度计算公式：

①加工尺寸

$$L_1 = 梁全长 - 2 \times 柱筋保护层厚 \tag{2-15}$$

$$L_2 = 1.7l_{aE}（非抗震为 1.7l_a） \tag{2-16}$$

当梁上部纵筋配筋率 $\rho > 1.2\%$ 时（第二批截断）：

$$L_2 = 1.7l_{aE} + 20d（非抗震为 1.7l_a + 20d） \tag{2-17}$$

②下料长度

$$L = L_1 + 2L_2 - 90° 量度差值 \tag{2-18}$$

2）边跨上部直角筋的加工长度、下料长度计算公式：

①第一排

a. 加工尺寸

$$L_1 = L_{n边}/3 + h_c - 柱筋保护层厚 \tag{2-19}$$

$$L_2 = 1.7l_{aE}（非抗震为 1.7l_a） \tag{2-20}$$

当梁上部纵筋配筋率 $\rho > 1.2\%$ 时（第二批截断）：

$$L_2 = 1.7l_{aE} + 20d \tag{2-21}$$

b. 下料长度

$$L = L_1 + L_2 - 90° 量度差值 \tag{2-22}$$

②第二排

a. 加工尺寸

$$L_1 = L_{n边}/4 + h_c - 柱筋保护层厚 \tag{2-23}$$

$$L_2 = 1.7l_{aE}（非抗震为 1.7l_a） \tag{2-24}$$

b. 下料长度

$$L = L_1 + L_2 - 90° 量度差值 \tag{2-25}$$

（3）腰筋

加工尺寸、下料长度计算公式：

$$L_1(L) = L_n + 2 \times 15d \tag{2-26}$$

（4）吊筋

1）加工尺寸（图 2-12）

$$L_1 = 20d \tag{2-27}$$

$$L_2 = （梁高 h - 2 \times 梁筋保护层厚）/\sin\alpha \tag{2-28}$$

$$L_3 = 100 + b \tag{2-29}$$

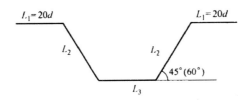

图 2-12 吊筋加工尺寸

2）下料长度

$$L=L_1+L_2+L_3-4\times45°(60°)量度差值 \qquad (2-30)$$

（5）拉筋

在平法中拉筋的弯钩往往是弯成135°，但在施工时，拉筋一端做成135°的弯钩，而另一端先预制成90°，绑扎后再将90°弯成135°，如图2-13所示。

图 2-13 施工时拉筋端部弯钩角度

1）加工尺寸

$$L_1=梁宽\ b-2\times柱筋保护层厚 \qquad (2-31)$$

L_2、L_2'可由表2-25查得。

表 2-25　　　　　　　　　　拉筋端钩由135°预制成90°时L_2改注成L_2'的数据

d/mm	平直段长/mm	L_2/mm	L_2'/mm
6	75	96	110
6.5	75	98	113
8	10d	109	127
10	10d	136	159
12	10d	163	190

注：L_2为135°弯钩增加值，$R=2.5d$。

2）下料长度

$$L=L_1+2L_2 \qquad (2-32)$$

或

$$L=L_1+L_2+L_2'-90°量度差值 \qquad (2-33)$$

（6）箍筋

平法中箍筋的弯钩均为135°，平直段长为10d或75mm，取其大值。

如图2-13所示，L_1、L_2、L_3、L_4为加工尺寸且为内皮尺寸。

1）梁中外围箍筋

①加工尺寸

$$L_1=梁高\ h-2\times梁筋保护层厚 \qquad (2-34)$$

$$L_2=梁宽\ b-2\times梁筋保护层厚 \qquad (2-35)$$

L_3比L_1增加一个值，L_4比L_2增加一个值，增加值是一样的，这个值可以从表2-26中查得。

表 2 - 26		当 $R=2.5d$ 时，L_3 比 L_1 和 L_4 比 L_2 各自增加值			
d/mm	平直段长/mm	增加值/mm	d/mm	平直段长/mm	增加值/mm
6	75	102	10	$10d$	146
6.5	75	105	12	$10d$	175
8	$10d$	117	—	—	—

②下料长度

$$L = L_1 + L_2 + L_3 + L_4 - 3 \times 90° 量度差值 \qquad (2-36)$$

2）梁截面中间局部箍筋

局部箍筋中对应的 L_2 长度是中间受力筋外皮间的距离，其他算法同外围箍筋，见图 2-14。

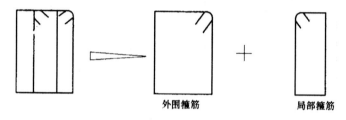

外围箍筋   局部箍筋

图 2-14 梁截面中间局部箍筋

【实　例】

【例 2-7】　如图 2-11 所示，设 $d=20$mm。

求出下料长度。

【解】

下料长度＝300＋300－外皮差值。外皮差值查表 1-3，为 $3.79d$。

下料长度＝300＋300－3.79×20

$$= 600 - 3.79 \times 20$$

$$\approx 524 (mm)$$

3

柱构件钢筋下料

3.1 中柱顶筋下料

【下料方法】

◆中柱顶筋的类别和数量

表 3-1 给出了中柱截面中各种加工类形钢筋的计算。如图 3-1 所示。

表 3-1   中柱顶筋类别及其数量表

	长角部向梁筋	短角部向梁筋	长中部向梁筋	短中部向梁筋
i 为偶数，j 为偶数				
i 为奇数，j 为偶数	2	2	$i+j-4$	$i+j-4$
i 为偶数，j 为奇数				
i 为奇数，j 为奇数	4	0	$i+j-6$	$i+j-2$

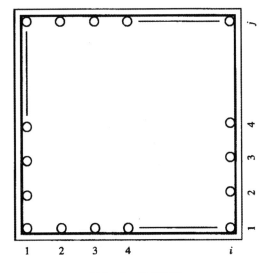

图 3-1 顶筋摆放

$$柱截面中的钢筋数 = 2 \times (i+j) - 4 \qquad (3-1)$$

上式适用于中柱、边柱和角柱中的钢筋数量计算。

◆中柱顶筋计算

从中柱的两个剖面方向看，都是向梁筋。现在把向梁筋的计算公式列在下面。在图 3-2 的算式中，有"max（ ）"符号，意思是从（ ）内选出它们中的最大值。

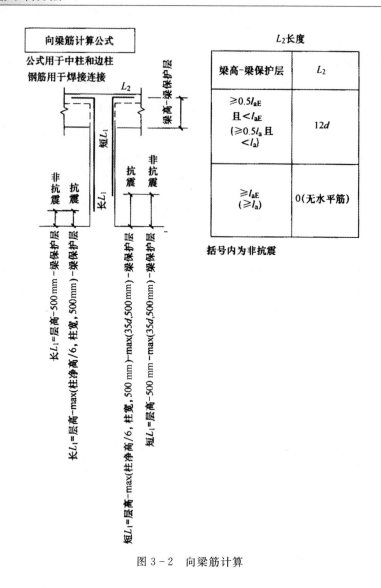

图 3-2 向梁筋计算

【实　　例】

【例 3-1】 已知中柱截面中钢筋分布为：$i=6$；$j=6$。

求中柱截面中钢筋根数及长角部向梁筋、短角部向梁筋、长中部向梁筋和短中部向梁筋各为多少？

【解】

(1) 中柱截面中钢筋根数 $=2\times(i+j)-4$

$$=2\times(6+6)-4$$

$$=20（根）$$

(2) 长角部向梁筋 $=2$ 根

(3) 短角部向梁筋 $=2$ 根

(4) 长中部向梁筋 $=i+j-4$

$$=6+6-4$$

$$=8(根)$$

（5）短中部向梁筋 $=i+j-4$

$$=6+6-4$$

$$=8(根)$$

验算：

长角部向梁筋＋短角部向梁筋＋长中部向梁筋＋短中部向梁筋

$$=2+2+8+8$$

$$=20(根)$$

正确无误。

【例 3 - 2】 已知中柱截面中钢筋分布为：$i=5$；$j=5$。

求中柱截面中钢筋根数及长角部向梁筋、短角部向梁筋、长中部向梁筋和短中部向梁筋各为多少？

【解】

（1）中柱截面中钢筋根数 $=2\times(i+j)-4$

$$=2\times(5+5)-4$$

$$=16(根)$$

（2）长角部向梁筋 $=4$ 根

（3）短角部向梁筋 $=0$

（4）长中部向梁筋 $=i+j-6$

$$=5+5-6$$

$$=4(根)$$

（5）短中部向梁筋 $=i+j-2$

$$=5+5-2$$

$$=8(根)$$

验算：

长角部向梁筋＋短角部向梁筋＋长中部向梁筋＋短中部向梁筋

$$=4+0+4+8$$

$$=16(根)$$

正确无误。

【例 3 - 3】 已知：三级抗震楼层中柱，钢筋直径为 $d=22\text{mm}$；混凝土强度等级为 C30；梁高为 800mm；梁保护层为 20mm；柱净高为 2500mm；柱宽为 450mm。

求：向梁筋的长 L_1、短 L_1 和 L_2 的加工、下料尺寸。

【解】

长 L_1 ＝层高－max(柱净高/6，柱宽，500mm)－梁保护层

$$=2500+800-\max(2500/6, 450, 500)-20$$

$$=3300-500-20$$

$$=2780(\text{mm})$$

短 L_1 ＝层高－max(柱净高/6，柱宽，500mm)－max(35d，500mm)－梁保护层

$$=2500+800-\max(2500/6, 450, 500)-\max(770, 500)-20$$

$$=3300-500-770-20$$

$$=2010(\text{mm})$$

梁高－梁保护层

$$=800-20$$

$$=780(\text{mm})$$

三级抗震，$d=22\text{mm}$，混凝土强度等级为 C30 时，$l_{\text{aE}}=31d=682\text{mm}$

∵（梁高－梁保护层）$\geqslant l_{\text{aE}}$

∴$L_2=0$

无需弯有水平段的钢筋 L_2。因此，长 L_1、短 L_1 的下料长度分别等于自身。

【例 3－4】 已知：二级抗震楼层中柱，钢筋直径为 $d=25\text{mm}$；混凝土强度等级为 C30；梁高为 600mm；梁保护层厚度为 30mm；柱净高为 2500mm；柱宽为 450mm，$i=6$；$j=6$。

求：向梁筋的长 L_1、短 L_1 和 L_2 的加工、下料尺寸。

【解】

长 L_1＝层高－max（柱净高/6，柱宽，500mm）－梁保护层

$$=2500+600-\text{max}（2500/6，450，500）-30$$

$$=3100-500-30$$

$$=2570(\text{mm})$$

短 L_1＝层高－max（柱净高/6，柱宽，500mm）－max（35d，500mm）－梁保护层

$$=2500+600-\text{max}（2500/6，450，500）-\text{max}（875，500）-30$$

$$=3100-500-875-30$$

$$=1695(\text{mm})$$

梁高－梁保护层

$$=600-30$$

$$=570(\text{mm})$$

二级抗震，$d=25\text{mm}$，混凝土强度等级为 C30 时，$l_{\text{aE}}=34d=850\text{mm}$

$0.5l_{\text{aE}}<$（梁高－梁保护层）$<l_{\text{aE}}$

$L_2=12d=300\text{mm}$

长向梁筋下料长度＝长 L_1+L_2－外皮差值

$$=2570+300-2.931d$$

$$\approx2570+300-73$$

$$\approx2797(\text{mm})$$

短向梁筋下料长度＝短 L_1+L_2－外皮差值

$$=1695+300-2.931d$$

$$\approx1695+300-73$$

$$\approx1922(\text{mm})$$

钢筋数量＝2×（6＋6）－4

$$=20(\text{根})$$

3.2　边柱顶筋下料

【下料方法】

◆边柱顶筋的类别和数量

表 3-2 给出了边柱截面中各种加工类形钢筋的计算。

表 3-2　　　　　　　　　　　　边柱顶筋类别及其数量表

	长角部向梁筋	短角部向梁筋	长中部向梁筋	短中部向梁筋	长中部远梁筋	短中部远梁筋	长中部向边筋	短中部向边筋
i 为偶数 j 为偶数	2	2	$j-2$	$j-2$	$\dfrac{i-2}{2}$	$\dfrac{i-2}{2}$	$\dfrac{i-2}{2}$	$\dfrac{i-2}{2}$
i 为奇数 j 为偶数	2	2	$j-2$	$j-2$	$\dfrac{i-3}{2}$	$\dfrac{i-1}{2}$	$\dfrac{i-1}{2}$	$\dfrac{i-3}{2}$
i 为偶数 j 为奇数	2	2	$j-2$	$j-2$	$\dfrac{i-2}{2}$	$\dfrac{i-2}{2}$	$\dfrac{i-2}{2}$	$\dfrac{i-2}{2}$
i 为奇数 j 为奇数	4	0	$j-3$	$j-1$	$\dfrac{i-3}{2}$	$\dfrac{i-1}{2}$	$\dfrac{i-3}{2}$	$\dfrac{i-1}{2}$

◆边柱顶筋计算

　　边柱顶筋与中柱相比，除了向梁筋计算相同外，还有远梁筋和向边筋。加上各有长、短之分，共有六种不同的加工尺寸。

　　向梁筋的计算方法和中柱里的向梁筋是一样的。另外，远梁筋的 L_1 与向梁筋的 L_1，也是一样的。向边筋的 L_2，比远梁筋的 L_2 低一排（即低 $d+30$），因此，向边筋的 L_2，要短 $d+30$。如图 3-3 所示。

　　由图 3-3 中还可看到远梁筋与向边筋是相向弯折的。图 3-4 为边柱远梁筋示意图及计算公式，图 3-5 为边柱中的向边筋示意图及其计算公式。再强调一下，钢筋类别数量，是指钢筋安放部位来说的。钢筋加工种类是按加工尺寸形状来区分的。比如说，边柱的

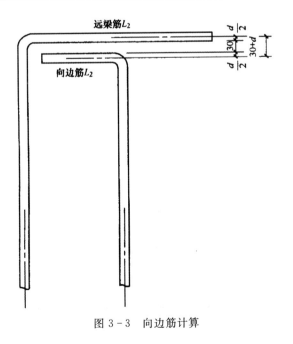

图 3-3　向边筋计算

钢筋类别数量是八个，即：长角部向梁筋、短角部向梁筋、长中部向梁筋、短中部向梁筋、长中部远梁筋、短中部远梁筋、长中部向边筋和短中部向边筋。如按加工尺寸形状来区分，即：长向梁筋、短向梁筋、长远梁筋、短远梁筋、长向边筋和短向边筋。也就是说，钢筋加工时，按这六种尺寸加工就行了。

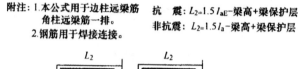

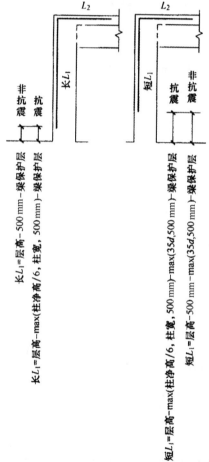

图 3-4　边柱远梁筋计算

【实　　例】

【例 3-5】 已知边柱截面中钢筋分布为：$i=4$；$j=7$。

求边柱截面中钢筋根数及长角部向梁筋、短角部向梁筋、长中部向梁筋、短中部向梁筋、长中部远梁筋、短中部远梁筋、长中部向边筋和短中部向边筋各为多少？

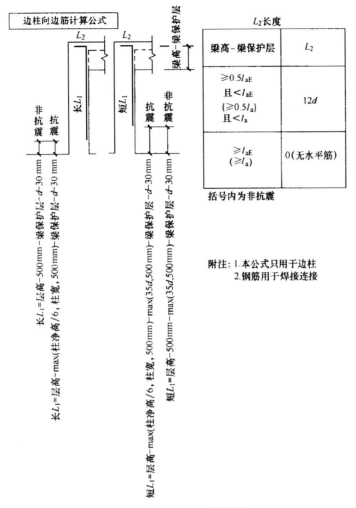

图 3-5　边柱向边筋计算

【解】

(1) 边柱截面中钢筋根数 $=2\times(i+j)-4$

$$=2\times(4+7)-4$$

$$=18(根)$$

(2) 长角部向梁筋 $=2$ 根

(3) 短角部向梁筋 $=2$ 根

(4) 长中部向梁筋 $=j-2$

$$=7-2$$

$$=5(根)$$

(5) 短中部向梁筋 $=j-2$

$$=7-2$$

$$=5(根)$$

(6) 长中部远梁筋 $=\dfrac{i-2}{2}$

$$= \frac{4-2}{2}$$

$$= 1(根)$$

(7) 短中部远梁筋 $= \frac{i-2}{2}$

$$= \frac{4-2}{2}$$

$$= 1(根)$$

(8) 长中部向边筋 $= \frac{i-2}{2}$

$$= \frac{4-2}{2}$$

$$= 1(根)$$

(9) 短中部向边筋 $= \frac{i-2}{2}$

$$= \frac{4-2}{2}$$

$$= 1(根)$$

验算：

长角部向梁筋＋短角部向梁筋＋长中部向梁筋＋短中部向梁筋＋长中部远梁筋＋短中部远梁筋＋长中部向边筋＋短中部向边筋

$$= 2+2+5+5+1+1+1+1$$

$$= 18(根)$$

正确无误。

【例 3-6】 已知边柱截面中钢筋分布为：$i=5$；$j=8$。

求边柱截面中钢筋根数及长角部向梁筋、短角部向梁筋、长中部向梁筋、短中部向梁筋、长中部远梁筋、短中部远梁筋、长中部向边筋和短中部向边筋各为多少？

【解】

(1) 边柱截面中钢筋根数 $= 2 \times (i+j) - 4$

$$= 2 \times (5+8) - 4$$

$$= 22(根)$$

(2) 长角部向梁筋 $= 2$ 根

(3) 短角部向梁筋 $= 2$ 根

(4) 长中部向梁筋 $= j-2$

$$= 8-2$$

$$= 6(根)$$

(5) 短中部向梁筋 $= j-2$

$$= 8-2$$

$$= 6(根)$$

(6) 长中部远梁筋 $= \frac{i-3}{2}$

$$=\frac{5-3}{2}$$

$$=1(根)$$

（7）短中部远梁筋$=\frac{i-1}{2}$

$$=\frac{5-1}{2}$$

$$=2(根)$$

（8）长中部向边筋$=\frac{i-1}{2}$

$$=\frac{5-1}{2}$$

$$=2(根)$$

（9）短中部向边筋$=\frac{i-3}{2}$

$$=\frac{5-3}{2}$$

$$=1(根)$$

验算：

长角部向梁筋＋短角部向梁筋＋长中部向梁筋＋短中部向梁筋＋长中部远梁筋＋短中部远梁筋＋长中部向边筋＋短中部向边筋

$$=2+2+6+6+1+2+2+1$$

$$=22(根)$$

正确无误。

【例3-7】 已知边柱截面中钢筋分布为：$i=5$；$j=5$。

求边柱截面中钢筋根数及长角部向梁筋、短角部向梁筋、长中部向梁筋、短中部向梁筋、长中部远梁筋、短中部远梁筋、长中部向边筋和短中部向边筋各为多少？

【解】

（1）边柱截面中钢筋根数$=2\times(i+j)-4$

$$=2\times(5+5)-4$$

$$=16(根)$$

（2）长角部向梁筋$=4$ 根

（3）短角部向梁筋$=0$

（4）长中部向梁筋$=j-3$

$$=5-3$$

$$=2(根)$$

（5）短中部向梁筋$=j-1$

$$=5-1$$

$$=4(根)$$

（6）长中部远梁筋$=\frac{i-3}{2}$

$$=\frac{5-3}{2}$$

$$=1(根)$$

（7）短中部远梁筋$=\frac{i-1}{2}$

$$=\frac{5-1}{2}$$

$$=2(根)$$

（8）长中部向边筋$=\frac{i-3}{2}$

$$=\frac{5-3}{2}$$

$$=1(根)$$

（9）短中部向边筋$=\frac{i-1}{2}$

$$=\frac{5-1}{2}$$

$$=2(根)$$

验算：

长角部向梁筋＋短角部向梁筋＋长中部向梁筋＋短中部向梁筋＋长中部远梁筋＋短中部远梁筋＋长中部向边筋＋短中部向边筋

$$=4+0+2+4+1+2+1+2$$

$$=16(根)$$

正确无误。

【例 3-8】 已知：二级抗震楼层边柱，钢筋直径为 $d=25mm$，混凝土强度等级为 C30，梁高为 600mm，梁保护层厚度为 30mm，柱净高为 2500mm，柱宽为 450mm，$i=8$，$j=8$。

试求各种钢筋的加工、下料尺寸。

【解】

1. 长向梁筋

（1）长 L_1 ＝层高－max(柱净高/6，柱宽，500mm)－梁保护层

$$=2500+600-\max(2500/6，450，500)-30$$

$$=3100-500-30$$

$$=2570(mm)$$

（2）计算 L_2

二级抗震，$d=25mm$，混凝土强度等级为 C30 时，$l_{aE}=34d=850mm$

$0.5l_{aE}<$（梁高－梁保护层）$<l_{aE}$

$L_2=12d=300mm$

（3）长向梁筋下料长度＝长 L_1+L_2－外皮差值

$$=2570+300-2.931d$$

$$\approx2570+300-73$$

$$\approx2797(mm)$$

2. 短向梁筋

（1）短 L_1＝层高－max(柱净高/6，柱宽，500mm)－max(35d，500mm)－梁保护层

$\qquad$＝2500＋600－max(2500/6，450，500)－max(875，500)－30

$\qquad$＝3100－500－875－30

$\qquad$＝1695(mm)

（2）L_2＝12d＝300mm

（3）短向梁筋下料长度＝短 L_1＋L_2－外皮差值

$\qquad\qquad$＝1695＋300－2.931d

$\qquad\qquad$≈1695＋300－73

$\qquad\qquad$≈1922(mm)

3. 长远梁筋

抗震：L_2＝1.5l_{aE}－梁高＋梁保护层

非抗震：L_2＝1.5l_a－梁高＋梁保护层

（1）长 L_1＝层高－max(柱净高/6，柱宽，500mm)－梁保护层

$\qquad$＝2500＋600－max(2500/6，450，500)－30

$\qquad$＝3100－500－30

$\qquad$＝2570(mm)

（2）L_2＝1.5l_{aE}－梁高＋梁保护层

$\qquad$＝1.5×850－600＋30

$\qquad$＝705(mm)

（3）长远梁筋下料长度＝长 L_1＋L_2－外皮差值

$\qquad\qquad$＝2570＋705－2.931d

$\qquad\qquad$≈2570＋705－73

$\qquad\qquad$≈3202(mm)

4. 短远梁筋

（1）短 L_1＝层高－max(柱净高/6，柱宽，500mm)－max(35d，500mm)－梁保护层

$\qquad$＝2500＋600－max(2500/6，450，500)－max(875，500)－30

$\qquad$＝3100－500－875－30

$\qquad$＝1695(mm)

（2）L_2＝1.5l_{aE}－梁高＋梁保护层

$\qquad$＝1.5×850－600＋30

$\qquad$＝705(mm)

（3）短远梁筋下料长度＝短 L_1＋L_2－外皮差值

$\qquad\qquad$＝1695＋705－2.931d

$\qquad\qquad$≈1695＋705－73

$\qquad\qquad$≈2327(mm)

5. 长向边筋

（1）长 L_1＝层高－max(柱净高/6，柱宽，500mm)－梁保护层－d－30

$\qquad$＝2500＋600－max(2500/6，450，500)－30－25－30

$$=3100-500-30-25-30$$
$$=2515(\text{mm})$$

（2）$L_2=12d=300\text{mm}$

（3）长向边筋下料长度＝长L_1+L_2－外皮差值
$$=2515+300-2.931d$$
$$\approx2515+300-73$$
$$\approx2742(\text{mm})$$

6. 短向边筋

（1）短L_1＝层高－max(柱净高/6，柱宽，500mm)－max(35d，500mm)－梁保护层－d－30
$$=2500+600-\max(2500/6，450，500)-\max(875，500)-30-25-30$$
$$=3100-500-875-30-25-30$$
$$=1640(\text{mm})$$

（2）$L_2=12d=300\text{mm}$

（3）短向边筋下料长度＝短L_1+L_2－外皮差值
$$=1640+300-2.931d$$
$$\approx1640+300-73$$
$$\approx1867(\text{mm})$$

计算结果如图3-6所示，给出了各类筋的下料长度及各类钢筋数量。

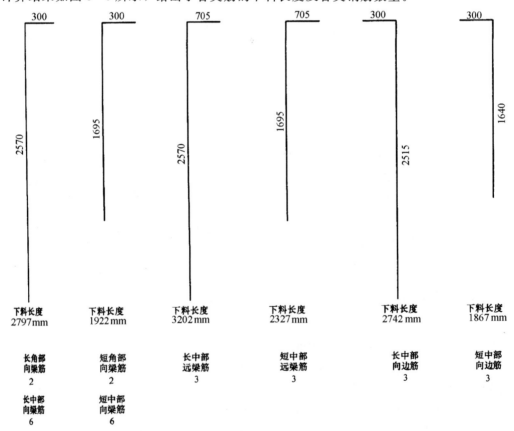

计28根

图3-6　【例3-8】计算结果

3.3　角柱顶筋下料

【下料方法】

◆**角柱顶筋的类别和数量**

表3-3给出了角柱截面的各种加工类形钢筋数量的计算。

表3-3　　　　　　　　　　　　角柱顶筋类别及其数量表

	长角部远梁筋(一排)	短角部远梁筋(一排)	长中部远梁筋(一排)	短中部远梁筋(一排)	长中部远梁筋(二排)	短中部远梁筋(二排)	长角部远梁筋(二排)	短角部远梁筋(二排)	长角部向边筋(三排)	短角部向边筋(三排)	长中部向边筋(三排)	短中部向边筋(三排)	长中部向边筋(四排)	短中部向边筋(四排)
i 为偶数 j 为偶数	1	1	$\frac{j}{2}-1$	$\frac{j}{2}-1$	$\frac{i}{2}-1$	$\frac{i}{2}-1$	0	1	1	0	$\frac{j}{2}-1$	$\frac{j}{2}-1$	$\frac{i}{2}-1$	$\frac{i}{2}-1$
i 为偶数 j 为奇数	2	0	$\frac{j}{2}-\frac{3}{2}$	$\frac{j}{2}-\frac{1}{2}$	$\frac{i}{2}-1$	$\frac{i}{2}-1$	0	1	0	1	$\frac{j}{2}-\frac{1}{2}$	$\frac{j}{2}-\frac{3}{2}$	$\frac{i}{2}-1$	$\frac{i}{2}-1$
i 为奇数 j 为偶数	1	1	$\frac{j}{2}-1$	$\frac{j}{2}-1$	$\frac{i}{2}-\frac{3}{2}$	$\frac{i}{2}-\frac{1}{2}$	1	0	0	1	$\frac{j}{2}-1$	$\frac{j}{2}-1$	$\frac{i}{2}-\frac{1}{2}$	$\frac{i}{2}-\frac{3}{2}$
i 为奇数 j 为奇数	2	0	$\frac{j}{2}-\frac{3}{2}$	$\frac{j}{2}-\frac{1}{2}$	$\frac{i}{2}-\frac{3}{2}$	$\frac{i}{2}-\frac{1}{2}$	1	0	1	0	$\frac{j}{2}-\frac{3}{2}$	$\frac{j}{2}-\frac{1}{2}$	$\frac{i}{2}-\frac{3}{2}$	$\frac{i}{2}-\frac{1}{2}$

◆**角柱顶筋计算**

角柱顶筋中没有向梁筋。角柱顶筋中的远梁筋一排,可以利用边柱远梁筋的公式来计算。

角柱顶筋中的弯筋,分为四层,因而,二、三、四排筋要分别缩短,如图3-7所示。

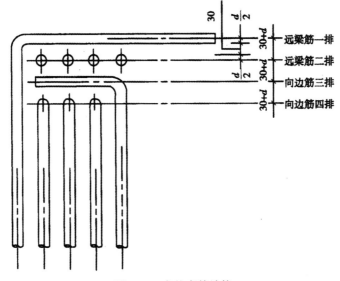

图3-7　角柱弯筋计算

角柱顶筋中的远梁筋二排计算公式，如图 3-8 所示。

角柱顶筋中的向边筋三、四排计算公式，如图 3-9 和图 3-10 所示。

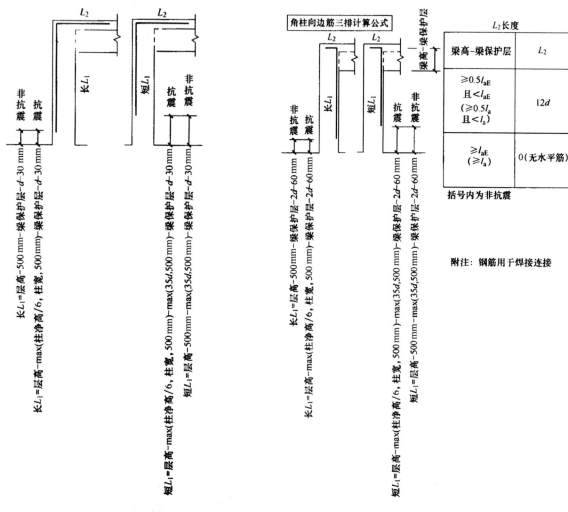

图 3-8　角柱远梁筋二排计算　　　　图 3-9　角柱向边筋三排计算

【实　例】

【例 3-9】 已知角柱截面中钢筋分布为：$i=6$；$j=6$。

求角柱截面中钢筋根数及长角部远梁筋（一排）、短角部远梁筋（一排）、长中部远梁筋（一排）、短中部远梁筋（一排）、长中部远梁筋（二排）、短中部远梁筋（二排）、长角部远梁筋（二排）、短角部远梁筋（二排）、长角部向边筋（三排）、短角部向边筋（三排）、长中部向边筋（三排）、短中部向边筋（三排）、长中部向边筋（四排）、短中部向边筋（四排）各为多少？

【解】

（1）角柱截面中钢筋根数 $=2\times(i+j)-4$

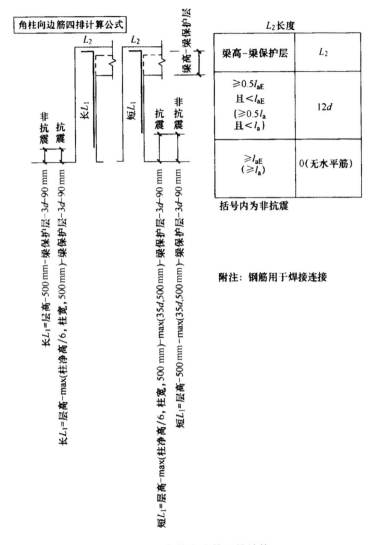

图 3-10　角柱向边筋四排计算

$$=2\times(6+6)-4$$

$$=20(根)$$

（2）长角部远梁筋（一排）＝1 根

（3）短角部远梁筋（一排）＝1 根

（4）长中部远梁筋（一排）＝$\dfrac{j}{2}-1$

$$=\dfrac{6}{2}-1$$

$$=2(根)$$

（5）短中部远梁筋（一排）＝$\dfrac{j}{2}-1$

$$=\dfrac{6}{2}-1$$

$$=2（根）$$

（6）长中部远梁筋（二排）$=\dfrac{i}{2}-1$

$$=\dfrac{6}{2}-1$$

$$=2（根）$$

（7）短中部远梁筋（二排）$=\dfrac{i}{2}-1$

$$=\dfrac{6}{2}-1$$

$$=2（根）$$

（8）长角部远梁筋（二排）$=0$

（9）短角部远梁筋（二排）$=1$ 根

（10）长角部向边筋（三排）$=1$ 根

（11）短角部向边筋（三排）$=0$

（12）长中部向边筋（三排）$=\dfrac{j}{2}-1$

$$=\dfrac{6}{2}-1$$

$$=2（根）$$

（13）短中部向边筋（三排）$=\dfrac{j}{2}-1$

$$=\dfrac{6}{2}-1$$

$$=2（根）$$

（14）长中部向边筋（四排）$=\dfrac{i}{2}-1$

$$=\dfrac{6}{2}-1$$

$$=2（根）$$

（15）短中部向边筋（四排）$=\dfrac{i}{2}-1$

$$=\dfrac{6}{2}-1$$

$$=2（根）$$

验算：

长角部远梁筋（一排）+短角部远梁筋（一排）+长中部远梁筋（一排）+短中部远梁筋（一排）+长中部远梁筋（二排）+短中部远梁筋（二排）+长角部远梁筋（二排）+短角部远梁筋（二排）+长角部向边筋（三排）+短角部向边筋（三排）+长中部向边筋（三排）+短中部向边筋（三排）+长中部向边筋（四排）+短中部向边筋（四排）$=1+1+2+2+2+2+0+1+1+0+2+2+2+2=20$ 根

正确无误。

【例 3－10】 已知角柱截面中钢筋分布为：$i=6$；$j=5$。

求角柱截面中钢筋根数及长角部远梁筋（一排）、短角部远梁筋（一排）、长中部远梁筋（一排）、短中部远梁筋（一排）、长中部远梁筋（二排）、短中部远梁筋（二排）、长角部远梁筋（二排）、短角部远梁筋（二排）、长角部向边筋（三排）、短角部向边筋（三排）、长中部向边筋（三排）、短中部向边筋（三排）、长中部向边筋（四排）、短中部向边筋（四排）各为多少？

【解】

（1）角柱截面中钢筋根数 $=2\times(i+j)-4$

$$=2\times(6+5)-4$$

$$=18（根）$$

（2）长角部远梁筋（一排）$=2$ 根

（3）短角部远梁筋（一排）$=0$

（4）长中部远梁筋（一排）$=\dfrac{j}{2}-\dfrac{3}{2}$

$$=\dfrac{5}{2}-\dfrac{3}{2}$$

$$=1（根）$$

（5）短中部远梁筋（一排）$=\dfrac{j}{2}-\dfrac{1}{2}$

$$=\dfrac{5}{2}-\dfrac{1}{2}$$

$$=2（根）$$

（6）长中部远梁筋（二排）$=\dfrac{i}{2}-1$

$$=\dfrac{6}{2}-1$$

$$=2（根）$$

（7）短中部远梁筋（二排）$=\dfrac{i}{2}-1$

$$=\dfrac{6}{2}-1$$

$$=2（根）$$

（8）长角部远梁筋（二排）$=0$

（9）短角部远梁筋（二排）$=1$ 根

（10）长角部向边筋（三排）$=0$

（11）短角部向边筋（三排）$=1$ 根

（12）长中部向边筋（三排）$=\dfrac{j}{2}-\dfrac{1}{2}$

$$=\dfrac{5}{2}-\dfrac{1}{2}$$

$$=2（根）$$

（13）短中部向边筋（三排）$=\dfrac{j}{2}-\dfrac{3}{2}$

$$= \frac{5}{2} - \frac{3}{2}$$

$$= 1(根)$$

（14）长中部向边筋（四排）$= \frac{i}{2} - 1$

$$= \frac{6}{2} - 1$$

$$= 2(根)$$

（15）短中部向边筋（四排）$= \frac{i}{2} - 1$

$$= \frac{6}{2} - 1$$

$$= 2(根)$$

验算：

长角部远梁筋（一排）＋短角部远梁筋（一排）＋长中部远梁筋（一排）＋短中部远梁筋（一排）＋长中部远梁筋（二排）＋短中部远梁筋（二排）＋长角部远梁筋（二排）＋短角部远梁筋（二排）＋长角部向边筋（三排）＋短角部向边筋（三排）＋长中部向边筋（三排）＋短中部向边筋（三排）＋长中部向边筋（四排）＋短中部向边筋（四排）＝2＋0＋1＋2＋2＋2＋0＋1＋0＋1＋2＋1＋2＋2＝18 根

正确无误。

【例 3-11】 已知角柱截面中钢筋分布为：$i = 5$；$j = 6$。

求角柱截面中钢筋根数及长角部远梁筋（一排）、短角部远梁筋（一排）、长中部远梁筋（一排）、短中部远梁筋（一排）、长中部远梁筋（二排）、短中部远梁筋（二排）、长角部远梁筋（二排）、短角部远梁筋（二排）、长角部向边筋（三排）、短角部向边筋（三排）、长中部向边筋（三排）、短中部向边筋（三排）、长中部向边筋（四排）、短中部向边筋（四排）各为多少？

【解】

（1）角柱截面中钢筋根数＝$2 \times (i + j) - 4$

$$= 2 \times (5 + 6) - 4$$

$$= 18(根)$$

（2）长角部远梁筋（一排）＝1 根

（3）短角部远梁筋（一排）＝1 根

（4）长中部远梁筋（一排）$= \frac{j}{2} - 1$

$$= \frac{6}{2} - 1$$

$$= 2(根)$$

（5）短中部远梁筋（一排）$= \frac{j}{2} - 1$

$$= \frac{6}{2} - 1$$

$$= 2(根)$$

（6）长中部远梁筋（二排）$=\dfrac{i}{2}-\dfrac{3}{2}$

$\qquad = \dfrac{5}{2}-\dfrac{3}{2}$

$\qquad =1$（根）

（7）短中部远梁筋（二排）$=\dfrac{i}{2}-\dfrac{1}{2}$

$\qquad = \dfrac{5}{2}-\dfrac{1}{2}$

$\qquad =2$（根）

（8）长角部远梁筋（二排）$=1$ 根

（9）短角部远梁筋（二排）$=0$

（10）长角部向边筋（三排）$=0$

（11）短角部向边筋（三排）$=1$ 根

（12）长中部向边筋（三排）$=\dfrac{j}{2}-1$

$\qquad = \dfrac{6}{2}-1$

$\qquad =2$（根）

（13）短中部向边筋（三排）$=\dfrac{j}{2}-1$

$\qquad = \dfrac{6}{2}-1$

$\qquad =2$（根）

（14）长中部向边筋（四排）$=\dfrac{i}{2}-\dfrac{1}{2}$

$\qquad = \dfrac{5}{2}-\dfrac{1}{2}$

$\qquad =2$（根）

（15）短中部向边筋（四排）$=\dfrac{i}{2}-\dfrac{3}{2}$

$\qquad = \dfrac{5}{2}-\dfrac{3}{2}$

$\qquad =1$（根）

验算：

长角部远梁筋（一排）＋短角部远梁筋（一排）＋长中部远梁筋（一排）＋短中部远梁筋（一排）＋长中部远梁筋（二排）＋短中部远梁筋（二排）＋长角部远梁筋（二排）＋短角部远梁筋（二排）＋长角部向边筋（三排）＋短角部向边筋（三排）＋长中部向边筋（三排）＋短中部向边筋（三排）＋长中部向边筋（四排）＋短中部向边筋（四排）$=1+1+2+2+1+2+1+0+0+1+2+2+2+1=18$ 根

正确无误。

【例 3－12】 已知角柱截面中钢筋分布为：$i=7$；$j=7$。

求角柱截面中钢筋根数及长角部远梁筋（一排）、短角部远梁筋（一排）、长中部远梁筋（一排）、短中部远梁筋（一排）、长中部远梁筋（二排）、短中部远梁筋（二排）、长角部远梁筋（二排）、短角部远梁筋（二排）、长角部向边筋（三排）、短角部向边筋（三排）、长中部向边筋（三排）、短中部向边筋（三排）、长中部向边筋（四排）、短中部向边筋（四排）各为多少?

【解】

(1) 角柱截面中钢筋根数 $= 2 \times (i+j) - 4$
$$= 2 \times (7+7) - 4$$
$$= 24 \text{（根）}$$

(2) 长角部远梁筋（一排）$= 2$ 根

(3) 短角部远梁筋（一排）$= 0$

(4) 长中部远梁筋（一排）$= \dfrac{j}{2} - \dfrac{3}{2}$
$$= \dfrac{7}{2} - \dfrac{3}{2}$$
$$= 2 \text{（根）}$$

(5) 短中部远梁筋（一排）$= \dfrac{j}{2} - \dfrac{1}{2}$
$$= \dfrac{7}{2} - \dfrac{1}{2}$$
$$= 3 \text{（根）}$$

(6) 长中部远梁筋（二排）$= \dfrac{i}{2} - \dfrac{3}{2}$
$$= \dfrac{7}{2} - \dfrac{3}{2}$$
$$= 2 \text{（根）}$$

(7) 短中部远梁筋（二排）$= \dfrac{i}{2} - \dfrac{1}{2}$
$$= \dfrac{7}{2} - \dfrac{1}{2}$$
$$= 3 \text{（根）}$$

(8) 长角部远梁筋（二排）$= 1$ 根

(9) 短角部远梁筋（二排）$= 0$

(10) 长角部向边筋（三排）$= 1$ 根

(11) 短角部向边筋（三排）$= 0$

(12) 长中部向边筋（三排）$= \dfrac{j}{2} - \dfrac{3}{2}$
$$= \dfrac{7}{2} - \dfrac{3}{2}$$
$$= 2 \text{（根）}$$

(13) 短中部向边筋（三排）$= \dfrac{j}{2} - \dfrac{1}{2}$

$$= \frac{7}{2} - \frac{1}{2}$$

$$= 3（根）$$

（14）长中部向边筋（四排）$= \frac{i}{2} - \frac{3}{2}$

$$= \frac{7}{2} - \frac{3}{2}$$

$$= 2（根）$$

（15）短中部向边筋（四排）$= \frac{i}{2} - \frac{1}{2}$

$$= \frac{7}{2} - \frac{1}{2}$$

$$= 3（根）$$

验算：

长角部远梁筋（一排）＋短角部远梁筋（一排）＋长中部远梁筋（一排）＋短中部远梁筋（一排）＋长中部远梁筋（二排）＋短中部远梁筋（二排）＋长角部远梁筋（二排）＋短角部远梁筋（二排）＋长角部向边筋（三排）＋短角部向边筋（三排）＋长中部向边筋（三排）＋短中部向边筋（三排）＋长中部向边筋（四排）＋短中部向边筋（四排）＝2＋0＋2＋3＋2＋3＋1＋0＋1＋0＋2＋3＋2＋3＝24（根）。

正确无误。

【例 3-13】 已知：二级抗震顶层角柱，钢筋直径为 $d = 25\text{mm}$，混凝土强度等级为 C30，梁高 600mm，梁保护层厚度为 30mm，柱净高为 2500mm，柱宽为 450mm，$i = 8$，$j = 8$。

试求各种钢筋的加工、下料尺寸。

【解】

1. 长远梁筋一排

（1）长 $L_1 =$ 层高－max(柱净高/6，柱宽，500mm)－梁保护层

$$= 2500 + 600 - \max(2500/6，450，500) - 30$$

$$= 3100 - 500 - 30$$

$$= 2570（\text{mm}）$$

（2）$L_2 = 1.5L_{aE} -$ 梁高＋梁保护层

$$= 1.5 \times 34d - 600 + 30$$

$$= 1.5 \times 850 - 600 + 30$$

$$= 705（\text{mm}）$$

（3）长远梁筋一排下料长度＝长 $L_1 + L_2 -$ 外皮差值

$$= 2570 + 705 - 2.931d$$

$$\approx 2570 + 705 - 73$$

$$\approx 3202（\text{mm}）$$

2. 短远梁筋一排

（1）短 $L_1 =$ 层高－max(柱净高/6，柱宽，500mm)－max($35d$，500mm)－梁保护层

$$=2500+600-\max(2500/6，450，500)-\max(875，500)-30$$

$$=3100-500-875-30$$

$$=1695(\text{mm})$$

（2）$L_2=1.5L_{aE}-\text{梁高}+\text{梁保护层}$

$$=1.5\times34d-600+30$$

$$=1.5\times850-600+30$$

$$=705(\text{mm})$$

（3）短远梁筋一排下料长度＝短L_1+L_2-外皮差值

$$=1695+705-2.931d$$

$$\approx1695+705-73$$

$$\approx2327(\text{mm})$$

3. 长远梁筋二排

（1）长$L_1=\text{层高}-\max(\text{柱净高}/6，\text{柱宽}，500\text{mm})-\text{梁保护层}-d-30\text{mm}$

$$=2500+600-\max(2500/6，450，500)-30-d-30$$

$$=3100-500-30-25-30$$

$$=2515(\text{mm})$$

（2）$L_2=1.5L_{aE}-\text{梁高}+\text{梁保护层}$

$$=1.5\times850-600+30$$

$$=705(\text{mm})$$

（3）长远梁筋二排下料长度＝长L_1+L_2-外皮差值

$$=2515+705-2.931d$$

$$\approx2515+705-73$$

$$\approx3147(\text{mm})$$

4. 短远梁筋二排

（1）短$L_1=\text{层高}-\max(\text{柱净高}/6，\text{柱宽}，500\text{mm})-\max(35d，500\text{mm})-\text{梁保护层}-d-30\text{mm}$

$$=2500+600-\max(2500/6，450，500)-\max(875，500)-30-d-30$$

$$=3100-500-875-30-25-30$$

$$=1640(\text{mm})$$

（2）$L_2=1.5L_{aE}-\text{梁高}+\text{梁保护层}$

$$=1.5\times850-600+30$$

$$=705(\text{mm})$$

（3）短远梁筋二排下料长度＝短L_1+L_2-外皮差值

$$=1640+705-2.931d$$

$$\approx1640+705-73$$

$$\approx2272(\text{mm})$$

5. 长向边筋三排

(1) 长 L_1 = 层高 － max(柱净高/6，柱宽，500mm) － 梁保护层 － 2d － 60mm

    = 2500 + 600 － max(2500/6，450，500) － 30 － 2×25 － 60

    = 3100 － 500 － 30 － 50 － 60

    = 2460(mm)

(2) L_2 = 12d = 300(mm)

(3) 长向边筋三排下料长度 = 长 L_1 + L_2 － 外皮差值

          = 2460 + 300 － 2.931d

         ≈ 2460 + 300 － 73

         ≈ 2687(mm)

6. 短向边筋三排

(1) 短 L_1 = 层高 － max(柱净高/6，柱宽，500mm) － max(35d，500mm) － 梁保护层 － 2d － 60mm

    = 2500 + 600 － max(2500/6，450，500) － max(875，500) － 30 － 2×25 － 60

    = 3100 － 500 － 875 － 30 － 50 － 60

    = 1585(mm)

(2) L_2 = 12d = 300(mm)

(3) 短向边筋三排下料长度 = 短 L_1 + L_2 － 外皮差值

          = 1585 + 300 － 2.931d

         ≈ 1585 + 300 － 73

         ≈ 1812(mm)

7. 长向边筋四排

(1) 长 L_1 = 层高 － max(柱净高/6，柱宽，500mm) － 梁保护层 － 3d － 90mm

    = 2500 + 600 － max(2500/6，450，500) － 30 － 3×25 － 90

    = 3100 － 500 － 30 － 75 － 90

    = 2405(mm)

(2) L_2 = 12d = 300(mm)

(3) 长向边筋四排下料长度 = 长 L_1 + L_2 － 外皮差值

          = 2405 + 300 － 2.931d

         ≈ 2405 + 300 － 73

         ≈ 2632(mm)

8. 短向边筋四排

(1) 短 L_1 = 层高 － max(柱净高/6，柱宽，500mm) － max(35d，500mm) － 梁保护层 － 3d － 90mm

    = 2500 + 600 － max(2500/6，450，500) － max(875，500) － 30 － 3×25 － 90

    = 3100 － 500 － 875 － 30 － 75 － 90

    = 1530(mm)

(2) L_2 = 12d = 300(mm)

（3）短向边筋四排下料长度＝短 $L_1＋L_2$－外皮差值

$$＝1530＋300－2.931d$$

$$≈1530＋300－73$$

$$≈1757（mm）$$

计算结果如图 3-11 所示，给出了各类筋的下料长度及各类钢筋数量。

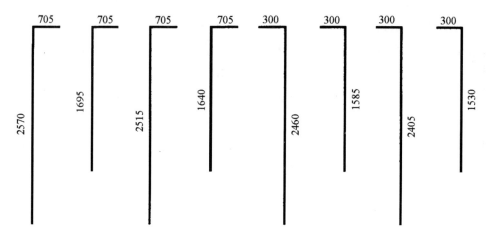

下料长度 3202 mm

长角部
远梁筋
一排
1

长中部
远梁筋
一排
3

下料长度 2327 mm

短角部
远梁筋
一排
1

短中部
远梁筋
一排
3

下料长度 3147 mm

长角部
远梁筋
二排
0

长中部
远梁筋
二排
3

下料长度 2272 mm

短角部
远梁筋
二排
1

短中部
远梁筋
二排
3

下料长度 2687 mm

长角部
向边筋
三排
1

长中部
向边筋
三排
3

下料长度 1812 mm

短角部
向边筋
三排
0

短中部
向边筋
三排
3

下料长度 2632 mm

长中部
向边筋
四排
3

下料长度 1757 mm

短中部
向边筋
四排
3

计 28 根

图 3-11 【例 3-13】计算结果

4

剪力墙构件钢筋下料

4.1　顶层墙竖向钢筋下料

【下料方法】

◆绑扎搭接

当暗柱采用绑扎搭接接头时，顶层构造如图 4-1 所示。

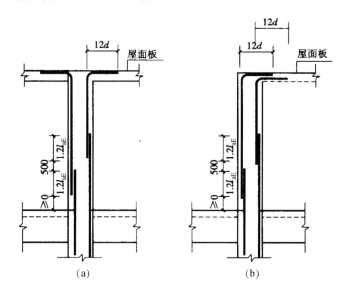

图 4-1　顶层暗柱（绑扎搭接）
(a) 中间暗柱；(b) 边角暗柱

（1）计算长度

$$长筋长度＝顶层层高－顶层板厚＋顶层锚固总长度 l_{aE} \tag{4-1}$$

$$短筋长度＝顶层层高－顶层板厚－(1.2l_{aE}＋500\text{mm})＋顶层锚固总长度 l_{aE} \tag{4-2}$$

（2）下料长度

$$长筋长度＝顶层层高－顶层板厚＋顶层锚固总长度 l_{aE}－90°差值 \tag{4-3}$$

$$短筋长度＝顶层层高－顶层板厚－(1.2l_{aE}＋500\text{mm})＋顶层锚固总长度 l_{aE}－90°差值 \tag{4-4}$$

◆机械或焊接连接

当暗柱采用机械或焊接连接接头时，顶层构造如图 4-2 所示。

（1）计算长度

$$长筋长度＝顶层层高－顶层板厚－500\text{mm}＋顶层锚固总长度 l_{aE} \tag{4-5}$$

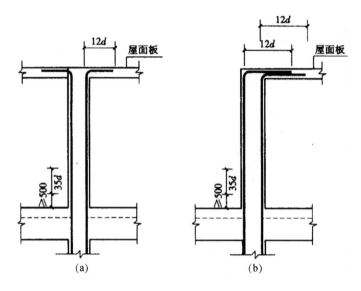

图 4-2 顶层暗柱（机械或焊接连接）

(a) 中间暗柱；(b) 边角暗柱

$$短筋长度 = 顶层层高 - 顶层板厚 - 500mm - 35d + 顶层锚固总长度\ l_{aE} \tag{4-6}$$

（2）下料长度

$$长筋长度 = 顶层层高 - 顶层板厚 - 500mm + 顶层锚固总长度\ l_{aE} - 90°差值 \tag{4-7}$$

$$短筋长度 = 顶层层高 - 顶层板厚 - 500mm - 35d + 顶层锚固总长度\ l_{aE} - 90°差值 \tag{4-8}$$

【实　　例】

【例 4-1】 某二级抗震剪力墙中墙身顶层竖向分布筋，钢筋直径为 $\phi32$（HRB335 级钢筋），混凝土强度等级为 C35。采用机械连接，其层高为 3.2m，屋面板厚为 150mm。

试计算其顶层分布钢筋的下料长度。

【解】

已知 $d = 32mm > 28mm$ HRB335 级钢筋，

顶层室内净高 = 层高 - 屋面板厚度

$$= 3.2 - 0.15$$

$$= 3.05(m)$$

C35 时的锚固值 $l_{aE} = 40d$。

HRB335 级框架顶层节点 90°外皮差值为 $4.648d$。

代入公式：

长筋 = 顶层室内净高 + l_{aE} - 500mm - 1 个 90°外皮差值

$$= 3.05 + 40 \times 0.032 - 0.5 - 4.648 \times 0.032$$

$$= 3.69(m)$$

短筋 = 顶层室内净高 + l_{aE} - 500mm - 35d - 1 个 90°外皮差值

$$= 3.05 + 40 \times 0.032 - 0.5 - 35 \times 0.032 - 4.648 \times 0.032$$

$$= 2.57(m)$$

4.2 剪力墙边墙墙身竖向钢筋下料

【下料方法】

◆边墙墙身外侧和中墙顶层竖向筋

剪力墙边墙墙身竖向分布筋如图 4-3 所示。

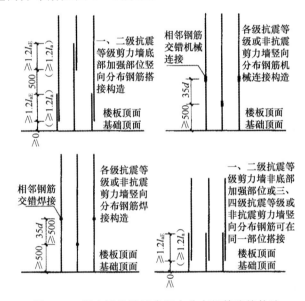

图 4-3 剪力墙边墙墙身竖向分布钢筋连接构造

由于长、短筋交替放置，所以有长 L_1 和短 L_1 之分。边墙外侧筋和中墙筋的计算法相同，它们共同的计算公式，列在表 4-1 中。

表 4-1　　剪力墙边墙（贴墙外侧）、中墙墙身顶层竖向分布筋的计算公式

抗震等级	连接方法	d/mm	钢筋级别	长 L_1	短 L_1	钩	L_2
一、二	搭接	≤28	Ⅱ、Ⅲ	层高－保护层	层高－$1.3l_{lE}$－保护层	—	l_{aE}－顶板厚＋保护层
			Ⅰ	层高－保护层＋5d 直钩	层高－$1.3l_{lE}$－保护层＋5d 直钩	5d	
三、四、非	搭接	≤28	Ⅱ、Ⅲ	层高－保护层	无短 L_1	—	
			Ⅰ	层高－保护层＋5d 直钩		5d	
一、二、三、四、非	机械连接	>28	Ⅰ、Ⅱ、Ⅲ	层高－500mm－保护层	层高－500mm－35d－保护层	—	

注：搭接且为Ⅰ级钢筋（HPB300）的长 L_1、短 L_1，均有为直角的"钩"。

从表 4-1 中可以看出，长 L_1 和短 L_1 是随着抗震等级、连接方法、直径大小和钢筋级别的不同而不同。但是，它们的 L_2 却都是相同的。

边墙外侧和中墙的顶层钢筋如图 4-4 所示。图 4-4 的左方是边墙的外侧顶层筋图，右方是中墙的顶层筋图。

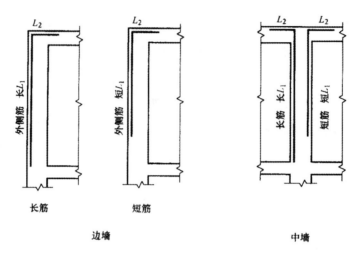

图 4-4 边墙外侧和中墙的顶层钢筋

表 4-1 中有 l_{lE}，在表 4-2 中有它的使用数据。

表 4-2 搭接长度 l_{lE}（l_1）

同一截面搭接百分率（%）	l_{lE}（l_1）
≤25	$1.2l_{aE}（l_a）$
50	$1.4l_{aE}（l_a）$
100	$1.6l_{aE}（l_a）$

图 4-5 是边墙中的顶层侧筋，表 4-3 是它的计算公式。

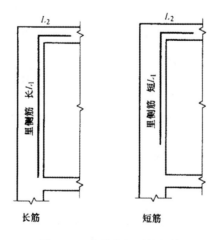

图 4-5 边墙中的顶层侧筋

抗震等级	连接方法	d/mm	钢筋级别	长 L_1	短 L_1	钩	L_2
一、二	搭接	$\leqslant 28$	Ⅱ、Ⅲ	层高－保护层－d－30mm	层高－$1.3l_{lE}$－d－保护层	—	l_{aE}－顶板厚 +保护层 +d+30mm
			Ⅰ	层高－保护层－d－30mm +5d 直钩	层高－$1.3l_{lE}$－d－30mm +5d 直钩－保护层	5d	
三、四、非	搭接	$\leqslant 28$	Ⅱ、Ⅲ	层高－保护层－d－30mm	无短 L_1	—	
			Ⅰ	层高－保护层－d－30mm +5d 直钩		5d	
一、二、三、四、非	机械连接	>28	Ⅰ、Ⅱ、Ⅲ	层高－500mm－保护层 －d－30mm	层高－500mm－35d －保护层－d－30mm	—	

表 4-3　　　　　剪力墙边墙墙身顶层（贴墙里侧）竖向分布筋的计算公式

注： 搭接且为Ⅰ级钢筋（HPB300）的长 L_1、短 L_1，均有为直角的"钩"。

◆边墙和中墙的中、底层竖向钢筋

表 4-4 中列出了边墙和中墙的中、底层竖向筋的计算方法。图 4-6 是表 4-1 的图解说明。在连接方法中，机械连接不需要搭接，所以，中、底层竖向筋的长度就等于层高。搭接就不一样，它需要一样的搭接长度 l_{lE}。但是，如果搭接的钢筋是Ⅰ级（HPB300）钢筋，它的端头需要加工成 90° 弯钩，钩长为 5d。注意，机械连接适用于钢筋直径大于 28mm。

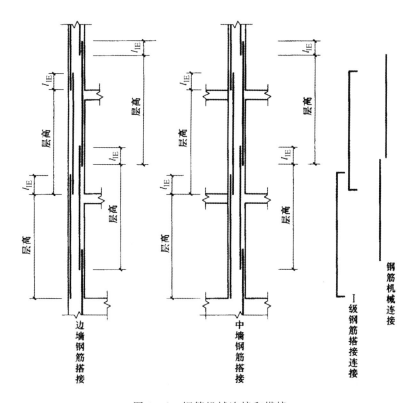

图 4-6　钢筋机械连接和搭接

表 4 - 4   剪力墙边墙和中墙墙身的中、底层竖向筋的计算公式

抗震等级	连接方法	d/mm	钢筋级别	钩	L_2
一、二	搭接	$\leqslant 28$	Ⅱ、Ⅲ	—	层高+l_{IE}
			Ⅰ	$5d$（直钩）	层高+l_{IE}
三、四、非	搭接	$\leqslant 28$	Ⅱ、Ⅲ	—	层高+l_{IE}
			Ⅰ	$5d$（直钩）	层高+l_{IE}
一、二、三、四、非	机械连接	>28	Ⅰ、Ⅱ、Ⅲ	—	层高

【实　　例】

【例 4 - 2】 已知四级抗震剪力墙边墙墙身顶层竖向分布筋，钢筋规格为 Φ22（即 HPB300 级钢筋，直径为 22mm），混凝土强度等级为 C30，搭接连接，层高为 3.5m、板厚为 150mm 和保护层厚度为 15mm。

求：剪力墙边墙墙身顶层竖向分布筋（外侧筋和里侧筋）——长 l_1、l_2 的加工尺寸和下料尺寸。

【解】

（1）外侧筋的计算如下：

长 l_1 ＝层高－保护层

     ＝3500－15

     ＝3485(mm)

l_2 ＝l_{aE}－顶板厚＋保护层

    ＝24d－150＋15

    ＝393(mm)

钩＝5d＝110(mm)

下料长度＝3485＋393＋110－1.751d

         ≈3485＋393＋110－38

         ≈3950(mm)

（2）里侧筋的计算如下：

长 l_1 ＝3500－15－22－30

     ＝3433(mm)

l_2 ＝l_{aE}－顶板厚＋保护层＋d＋30

  ＝24d－150＋15＋22＋30

  ＝445(mm)

钩＝5d＝110(mm)

下料长度＝3433＋445＋110－1.751d

         ≈3433＋445＋110－39

         ≈3951(mm)

计算结果参看图 4-7。

【例 4-3】 已知：二级抗震剪力墙中墙身的中、底层竖向分布筋，钢筋规格为 $d=20$ mm（HRB335 级钢筋），混凝土强度等级为 C30，搭接连接，层高 3.3m 和搭接连度 $l_{aE}=34d$。

求：剪力墙中的墙身的中、底层竖向分布筋 L_1。

【解】

$$L_1 = 层高 + l_{lE}$$
$$= 层高 + 1.2 \times l_{aE}$$
$$= 3300 + 1.2 \times 34d$$
$$= 3300 + 1.2 \times 680$$
$$= 4116(mm)$$

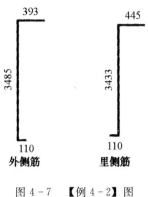

图 4-7 【例 4-2】图

4.3 剪力墙暗柱竖向钢筋下料

常遇问题

1. 钢筋顶层、中层、底层基础插筋如何下料？
2. 剪力墙约束边缘暗柱顶层外侧竖向分布钢筋如何下料？

【下料方法】

◆约束边缘构件

剪力墙约束边缘构件（以 Y 字开头），包括有：约束边缘暗柱、约束边缘端柱、约束边缘翼墙、约束边缘转角墙四种，如图 4-8 所示。

为了方便计算，将各种形式下的约束边缘暗柱顶层竖向钢筋下料长度总结为公式，见表 4-5，剪力墙约束边缘暗柱中、底层竖向钢筋计算公式见表 4-6，剪力墙约束边缘暗柱基础插筋计算公式见表 4-7，供大家计算时查阅使用。

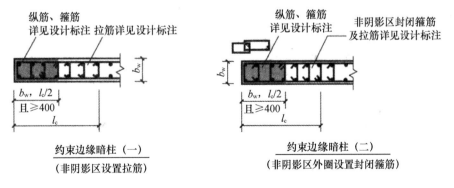

图 4-8 剪力墙约束边缘构件构造（一）

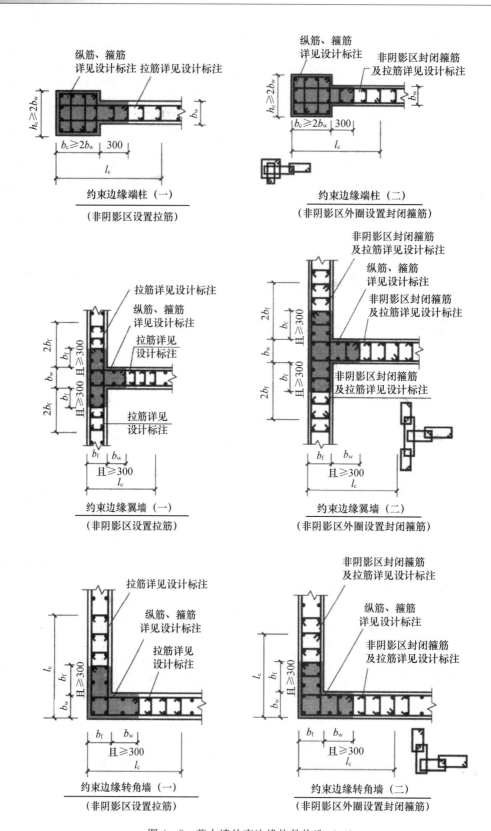

图 4-8 剪力墙约束边缘构件构造 (二)

表 4-5   剪力墙约束边缘暗柱顶层外侧及内侧竖向分布钢筋计算公式

部位	抗震等级	连接方法	钢筋直径	钢筋级别	计算公式
外侧	一、二级抗震	搭接	$d \leqslant 28$	HPB300 级	长筋＝顶层室内净高＋$l_{aE}(l_a)$＋$6.25d$－90°外皮差值
					短筋＝顶层室内净高－$0.2l_{aE}(0.2l_a)$＋$6.25d$－500mm－90°外皮差值
				HRB335、HRB400 级	长筋＝顶层室内净高＋$l_{aE}(l_a)$－90°外皮差值
					短筋＝顶层室内净高－$0.2l_{aE}(0.2l_a)$－500mm－90°外皮差值
内侧	一、二级抗震	搭接	$d \leqslant 28$	HPB300 级	长筋＝顶层室内净高＋$l_{aE}(l_a)$＋$6.25d$－$(d+30\text{mm})$－90°外皮差值
					短筋＝顶层室内净高－$0.2l_{aE}(0.2l_a)$＋$6.25d$－500mm－$(d+30)$－90°外皮差值
				HRB335、HRB400 级	长筋＝顶层室内净高＋$l_{aE}(l_a)$－90°外皮差值－$(d+30\text{mm})$
					短筋＝顶层室内净高－$0.2l_{aE}(0.2l_a)$－500mm－$(d+30\text{mm})$－90°外皮差值
外侧	一、二、三、四级及非抗震	机械连接	$d > 28$	HPB300、HRB335、HRB400 级	长筋＝顶层室内净高＋$l_{aE}(l_a)$－500mm－90°外皮差值
					短筋＝顶层室内净高＋$l_{aE}(l_a)$－500mm－$35d$－90°外皮差值
内侧	一、二、三、四级及非抗震	机械连接	$d > 28$	HPB300、HRB335、HRB400 级	长筋＝顶层室内净高＋$l_{aE}(l_a)$－500mm－$(d+30\text{mm})$－90°外皮差值
					短筋＝顶层室内净高＋$l_{aE}(l_a)$－500mm－$35d$－$(d+30\text{mm})$－90°外皮差值

表 4-6   剪力墙约束边缘暗柱中、底层竖向钢筋计算公式

抗震等级	连接方法	钢筋直径	钢筋级别	计算公式
一、二级抗震	搭接	$d \leqslant 28$	HPB300 级	层高＋$1.2l_{aE}(1.2l_a)$＋$6.25d$
			HRB335、HRB400 级	层高＋$1.2l_{aE}$
一、二、三、四级及非抗震	机械连接	$d > 28$	HPB300、HRB335、HRB400 级	层高

表 4-7   剪力墙约束边缘暗柱基础插筋计算公式

抗震等级	连接方法	钢筋直径	钢筋级别	计算公式
一、二级抗震	搭接	$d \leqslant 28$	HPB300 级	长筋＝$2.4l_{aE}(2.4l_a)$＋500mm＋基础构件厚＋$12d$＋$6.25d$－90°外皮差值
				短筋＝基础构件厚＋$12d$＋$12.5d$－1 个保护层
			HRB335、HRB400 级	长筋＝$1.2l_{aE}(1.2l_a)$＋基础构件厚＋$6.25d$－90°外皮差值
				短筋＝$1.2l_{aE}(1.2l_a)$＋基础构件厚＋$12d$－90°外皮差值
一、二、三、四级及非抗震	机械连接	$d > 28$	HPB300、HRB335、HRB400 级	长筋＝$35d$＋500mm＋基础构件厚＋$12d$－90°外皮差值
				短筋＝500mm＋基础构件厚＋$12d$－90°外皮差值

◆构造边缘构件

剪力墙构造边缘构件（以 G 字开头），包括构造边缘暗柱、构造边缘端柱、构造边缘翼墙、构造边缘转角墙四种，如图 4-9 所示。

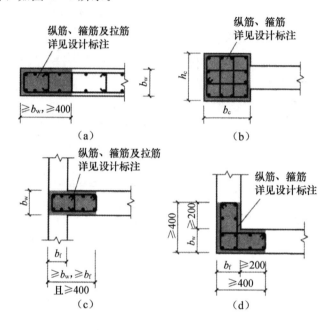

图 4-9 剪力墙构造边缘构件

（a）构造边缘暗柱；（b）构造边缘端柱；（c）构造边缘翼墙；（d）构造边缘转角墙

为了方便计算，将各种形式下的构造边缘暗柱顶层竖向钢筋下料长度总结为公式，见表 4-8，剪力墙构造边缘暗柱的中、底层竖向钢筋计算公式见表 4-9，剪力墙构造边缘暗柱基础插筋计算公式见表 4-10，供大家计算时查阅使用。

表 4-8　　　　剪力墙构造边缘暗柱顶层外侧及内侧竖向分布钢筋计算公式

部位	抗震等级	连接方法	钢筋直径	钢筋级别	计算公式
外侧	一、二级抗震	搭接	$d \leqslant 28$	HPB300 级	长筋＝顶层室内净高＋$l_{aE}(l_a)$＋$6.25d$－90°外皮差值－$(d+30)$
					短筋＝顶层室内净高－$0.2l_{aE}(0.2l_a)$＋$6.25d$－500mm－90°外皮差值
				HRB335、HRB400 级	长筋＝顶层室内净高＋$l_{aE}(l_a)$－90°外皮差值
					短筋＝顶层室内净高－$0.2l_{aE}(0.2l_a)$－500mm－90°外皮差值
内侧	三、四级抗震及非抗震	搭接	$d \leqslant 28$	HPB300 级	长筋＝顶层室内净高＋$l_{aE}(l_a)$＋$6.25d$－$(d+30mm)$－90°外皮差值
					短筋＝顶层室内净高－$0.2l_{aE}(0.2l_a)$＋$6.25d$－500mm－$(d+30mm)$－90°外皮差值
				HRB335、HRB400 级	长筋＝顶层室内净高＋$l_{aE}(l_a)$－90°外皮差值－$(d+30mm)$
					短筋＝顶层室内净高－$0.2l_{aE}(0.2l_a)$－500mm－$(d+30mm)$－90°外皮差值

续表

部位	抗震等级	连接方法	钢筋直径	钢筋级别	计算公式
外侧	非抗震	机械连接	$d>28$	HPB300、HRB335、HRB400 级	长筋＝顶层室内净高＋$l_{aE}(l_a)$－500mm－90°外皮差值－$(d+30mm)$
					短筋＝顶层室内净高＋$l_{aE}(l_a)$－500mm－35d－90°外皮差值
内侧	非抗震	机械连接	$d>28$	HPB300、HRB335、HRB400 级	长筋＝顶层室内净高＋$l_{aE}(l_a)$－500mm－$(d+30mm)$－90°外皮差值－$(d+30)$
					短筋＝顶层室内净高＋$l_{aE}(l_a)$－500mm－35d－$(d+30mm)$－90°外皮差值

表 4 - 9　　剪力墙构造边缘暗柱的中、底层竖向钢筋计算公式

抗震等级	连接方法	钢筋直径	钢筋级别	计算公式
一、二级抗震	搭接	$d\leqslant28$	HPB300 级	层高＋1.2l_{aE}（1.2l_a）＋6.25d
			HRB335、HRB400 级	层高＋1.2l_{aE}（1.2l_a）
非抗震	机械连接	$d>28$	HPB300、HRB335、HRB400 级	层高

表 4 - 10　　剪力墙构造边缘暗柱基础插筋计算公式

抗震等级	连接方法	钢筋直径	钢筋级别	计算公式
一、二级抗震	搭接	$d\leqslant28$	HPB300 级	长筋＝2.4l_{aE}（2.4l_a）＋500mm＋基础构件厚＋12d＋6.25d
				短筋＝1.2l_{aE}（1.2l_a）＋基础构件厚＋12d＋6.25d
			HRB335、HRB400 级	长筋＝1.2l_{aE}＋基础构件厚＋12d－1 个保护层－90°外皮差值
				短筋＝2.4l_{aE}（2.4l_a）＋500mm＋基础构件厚＋12d－90°外皮差值
非抗震	机械连接	$d>28$	HPB300、HRB335、HRB400 级	长筋＝35d＋500mm＋基础构件厚＋12d－90°外皮差值
				短筋＝500mm＋基础构件厚＋12d－90°外皮差值

【实　　例】

【例 4 - 4】　某三级抗震剪力墙约束边缘暗柱，其钢筋级别为 HRB335 级钢筋，钢筋直径 ϕ35mm，混凝土强度等级为 C30，层高为 3.0m，屋面板厚为 250mm，基础梁高为 500mm，机械连接。试计算钢筋顶层、中层、底层基础插筋的下料长度。

【解】

已知钢筋级别为 HRB335 级，

$d=35$mm>28mm，混凝土保护层厚度为 30mm。

层高＝3.0m，顶层室内净高＝3.0－0.2＝2.8（m）。

混凝土强度等级为 C30，三级抗震时的 $l_{aE}=34d$。

90°时的外皮差值：顶层为 $4.648d$，顶层以下为 $3.79d$。

（1）计算顶层外侧与内侧的竖向钢筋下料长度

外侧：

长筋＝顶层室内净高＋l_{aE}－500mm－90°外皮差值

　　＝2.8＋34×0.035－0.5－4.648×0.035

　　＝2.8＋1.19－0.5－0.16268

　　≈3.33(m)

短筋＝顶层室内净高＋l_{aE}－500mm－35d－90°外皮差值

　　＝2.8＋34×0.035－0.5－35×0.035－4.648×0.035

　　＝2.8＋1.19－0.5－1.225－0.16268

　　≈2.10(m)

内侧：

长筋＝顶层室内净高＋l_{aE}－500mm－$(d＋30mm)$－90°外皮差值

　　＝2.8＋34×0.035－0.5－(0.035＋0.03)－4.648×0.035

　　＝2.8＋1.19－0.5－0.065－0.16268

　　≈3.26(m)

短筋＝顶层室内净高＋l_{aE}－500mm－35d－$(d＋30mm)$－90°外皮差值

　　＝2.8＋34×0.035－0.5－35×0.035－(0.035＋0.03)－4.648×0.035

　　＝2.8＋1.19－0.5－1.225－0.065－0.16268

　　≈2.04(m)

（2）计算中、底层竖向钢筋下料长度

中、底层竖向钢筋的下料长度＝3.0m。

（3）计算基础插筋的钢筋下料长度

长筋＝35d＋500mm＋基础构件厚＋12d－90°外皮差值

　　＝35×0.035＋0.5＋0.5＋12×0.035－3.79×0.035

　　＝1.225＋0.5＋0.5＋0.42－0.13265

　　≈2.51(m)

短筋＝500mm＋基础构件厚＋12d－90°外皮差值

　　＝0.5＋0.5＋12×0.035－3.79×0.035

　　＝0.5＋0.5＋0.42－0.13265

　　≈1.29(m)

4.4　剪力墙墙身水平钢筋下料

常遇问题

1. 转角墙（L形墙）外侧水平钢筋如何下料？

2. 转角墙（L形墙）内侧水平钢筋如何下料？

【下料方法】

◆端部无暗柱时剪力墙水平分布筋下料

（1）水平筋锚固（一）——直筋，如图 4 - 10 所示。

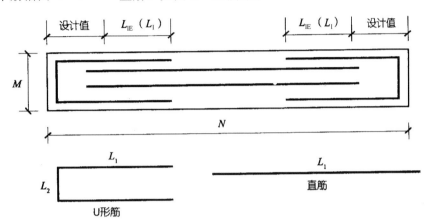

图 4 - 10　端部无暗柱时剪力墙水平筋锚固（一）示意图

其加工尺寸及下料长度为：

$$L = L_1 = 墙长 N - 2 \times 设计值 \tag{4-9}$$

（2）水平筋锚固（一）——U 形筋，如图 4 - 10 所示。

其加工尺寸为：

$$L_1 = 设计值 + l_{1E}(l_1) - 保护层厚 \tag{4-10}$$

$$L_2 = 墙厚 M - 2 \times 保护层厚 \tag{4-11}$$

其下料长度为：

$$L = 2L_1 + L_2 - 2 \times 90° 量度差值 \tag{4-12}$$

（3）水平筋锚固（二），如图 4 - 11 所示。

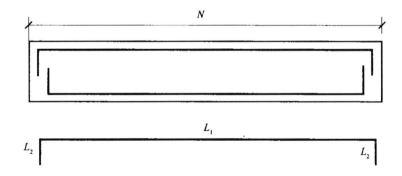

图 4 - 11　无暗柱时剪力墙水平筋锚固（二）示意图

其加工尺寸为：

$$L_1 = 墙厚 N - 2 \times 保护层厚 \tag{4-13}$$

$$L_2 = 15d \tag{4-14}$$

其下料长度为：

$$L = L_1 + L_2 - 90°量度差值 \quad\quad (4-15)$$

◆ **端部有暗柱时剪力墙水平分布筋下料**

端部有暗柱时剪力墙水平分布筋锚固，如图 4-12 所示。

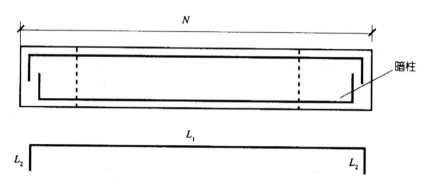

图 4-12　端部有暗柱时剪力墙水平分布筋锚固示意图

其加工尺寸为：

$$L_1 = 墙厚\ N - 2 \times 保护层厚 - 2d \quad\quad (4-16)$$

式中 d 为竖向纵筋直径。

$$L_2 = 15d \quad\quad (4-17)$$

其下料长度为：

$$L = L_1 + L_2 - 90°量度差值 \quad\quad (4-18)$$

◆ **两端为墙的 L 形墙水平分布筋下料**

两端为墙的 L 形墙水平分布筋锚固，如图 4-13 所示。

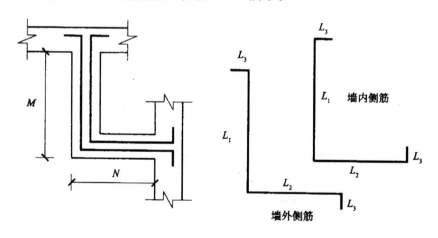

图 4-13　两端为墙的 L 形墙水平分布筋锚固示意图

（1）墙外侧筋下料　其加工尺寸为：

$$L_1 = 墙\ M - 保护层厚 + 0.4l_{aE}(0.4l_a)伸至对边 \quad\quad (4-19)$$

$$L_2 = 墙\ N - 保护层厚 + 0.4l_{aE}(0.4l_a)伸至对边 \quad\quad (4-20)$$

$$L_3 = 15d \tag{4-21}$$

其下料长度为：

$$L = L_1 + L_2 + 2L_3 - 3 \times 90°量度差值 \tag{4-22}$$

（2）墙内侧筋下料 其加工尺寸为：

$$L_1 = 墙 M - 墙厚 + 保护层厚 + 0.4l_{aE}(0.4l_a)伸至对边 \tag{4-23}$$

$$L_2 = 墙 N - 墙厚 + 保护层厚 + 0.4l_{aE}(0.4l_a)伸至对边 \tag{4-24}$$

$$L_3 = 15d \tag{4-25}$$

其下料长度为：

$$L = L_1 + L_2 + 2L_3 - 3 \times 90°量度差值 \tag{4-26}$$

◆**两端为转角墙的外墙水平分布筋下料**

两端为转角墙的外墙水平分布筋锚固，如图 4-14 所示。

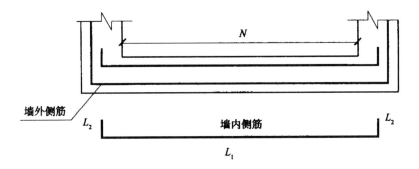

图 4-14 两端为转角墙的外墙水平分布筋锚固示意图

（1）墙外侧筋下料 其加工尺寸为：

$$L_1 = 墙 M - 2 \times 保护层厚 \tag{4-27}$$

$$L_2 = 墙 N - 2 \times 保护层厚 \tag{4-28}$$

其下料长度为：

$$L = 2L_1 + 2L_2 - 4 \times 90°量度差值 \tag{4-29}$$

（2）墙内侧筋下料 其加工尺寸为：

$$L_1 = 墙长 N + 2 \times 0.4l_{aE}(0.4l_a)伸至对边 \tag{4-30}$$

$$L_2 = 15d \tag{4-31}$$

其下料长度为：

$$L = L_1 + 2L_2 - 2 \times 90°量度差值 \tag{4-32}$$

◆**两端为墙的室内墙水平分布筋下料**

两端为墙的室内墙水平分布筋锚固，如图 4-15 所示。

其加工尺寸为：

$$L_1 = 墙长 N + 2 \times 0.4l_{aE}(0.4l_a)伸至对边 \tag{4-33}$$

$$L_2 = 15d \tag{4-34}$$

其下料长度为：

$$L = L_1 + 2L_2 - 2 \times 90°量度差值 \tag{4-35}$$

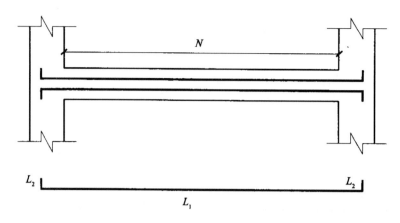

图 4-15 两端为墙的室内墙水平分布筋锚固示意图

◆两端为墙的 U 形墙水平分布筋下料

两端为墙的 U 形墙水平分布筋锚固，如图 4-16 所示。

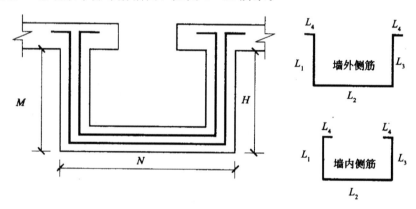

图 4-16 两端为墙的 U 形墙水平分布筋锚固示意图

（1）墙外侧筋下料 其加工尺寸为：

$$L_1 = 墙 M - 保护层厚 + 0.4l_{aE}(0.4l_a)伸至对边 \tag{4-36}$$

$$L_2 = 墙 N - 2 \times 保护层厚 \tag{4-37}$$

$$L_3 = 墙 H - 保护层厚 + 0.4l_{aE}(0.4l_a)伸至对边 \tag{4-38}$$

$$L_4 = 15d \tag{4-39}$$

其下料长度为：

$$L = L_1 + L_2 + L_3 + 2L_4 - 4 \times 90°量度差值 \tag{4-40}$$

（2）墙内侧筋下料 其加工尺寸为：

$$L_1 = 墙 M - 墙厚 + 保护层厚 + 0.4l_{aE}(0.4l_a)伸至对边 \tag{4-41}$$

$$L_2 = 墙 N - 2 \times 墙厚 + 2 \times 保护层厚 \tag{4-42}$$

$$L_3 = 墙 H - 墙厚 + 保护层厚 + 0.4l_{aE}(0.4l_a)伸至对边 \tag{4-43}$$

$$L_4 = 15d \tag{4-44}$$

其下料长度为：

$$L = L_1 + L_2 + L_3 + 2L_4 - 4 \times 90°量度差值 \tag{4-45}$$

◆两端为柱的 U 形外墙水平分布筋下料

两端为柱的 U 形外墙水平分布筋锚固,如图 4 - 17 所示。

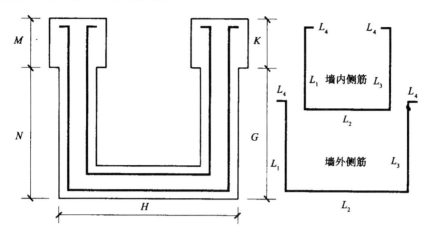

图 4 - 17　两端为柱的 U 形外墙水平分布筋锚固示意图

(1) 墙外侧水平分布筋下料

1) 墙外侧水平分布筋在端柱中弯锚,如图 4 - 17 所示,M－保护层厚$<l_{aE}$ 或者 l_a 及 K－保护层厚$<l_{aE}$ 或 l_a 时,外侧水平分布筋在端柱中弯锚。

其加工尺寸为:

$$L_1 = 墙长 N + 0.4l_{aE}(0.4l_a) 伸至对边 - 保护层厚 \qquad (4-46)$$

$$L_2 = 墙长 H - 2 \times 保护层厚 \qquad (4-47)$$

$$L_3 = 墙长 G + 0.4l_{aE}(0.4l_a) 伸至对边 - 保护层厚 \qquad (4-48)$$

$$L_4 = 15d \qquad (4-49)$$

其下料长度为:

$$L = L_1 + L_2 + L_3 + 2L_4 - 4 \times 90° 量度差值 \qquad (4-50)$$

2) 墙外侧水平分布筋在端柱中直锚,如图 4 - 17 所示,M－保护层厚$>l_{aE}$ 或者 l_a 及 K－保护层厚$>l_{aE}$ 或 l_a 时,外侧水平分布筋在端柱中直锚,此处没有 L_4。

其加工尺寸为:

$$L_1 = 墙长 N + l_{aE}(l_a) - 保护层厚 \qquad (4-51)$$

$$L_2 = 墙长 H - 2 \times 保护层厚 \qquad (4-52)$$

$$L_3 = 墙长 G + l_{aE}(l_a) - 保护层厚 \qquad (4-53)$$

其下料长度为:

$$L = L_1 + L_2 + L_3 - 2 \times 90° 量度差值 \qquad (4-54)$$

(2) 墙内侧水平分布筋下料

1) 墙内侧水平分布筋在端柱中弯锚,如图 4 - 17 所示,M－保护层厚$<l_{aE}$ 或者 l_a 及 K－保护层厚$<l_{aE}$ 或 l_a 时,内侧水平分布筋在端柱中弯锚。

其加工尺寸为:

$$L_1 = 墙长 N + 0.4l_{aE}(0.4l_a) 伸至对边 - 墙厚 + 保护层厚 + d \qquad (4-55)$$

$$L_2 = 墙长 H - 2 \times 墙厚 + 2 \times 保护层厚 + 2d \qquad (4-56)$$

$$L_3 = 墙长\,G + 0.4l_{aE}(0.4l_a)伸至对边 - 墙厚 + 保护层厚 + d \qquad (4-57)$$
$$L_4 = 15d \qquad (4-58)$$

其下料长度为：

$$L = L_1 + L_2 + L_3 + 2L_4 - 4×90°量度差值 \qquad (4-59)$$

2）墙内侧水平分布筋在端柱中直锚，如图 4-17 所示，$M-$保护层厚$>l_{aE}$或者 l_a 及 $K-$保护层厚$>l_{aE}$ 或 l_a 时，外侧水平分布筋在端柱中直锚，此处没有 L_4。

其加工尺寸为：

$$L_1 = 墙长\,N + l_{aE}(l_a) - 墙厚 + 保护层厚 + d \qquad (4-60)$$
$$L_2 = 墙长\,H - 2×墙厚 + 2×保护层厚 + 2d \qquad (4-61)$$
$$L_3 = 墙长\,G + l_{aE}(l_a) - 墙厚 + 保护层厚 + d \qquad (4-62)$$

其下料长度为：

$$L = L_1 + L_2 + L_3 - 2×90°量度差值 \qquad (4-63)$$

◆ **一端为柱，另一端为墙的外墙内侧水平分布筋下料**

一端为柱，另一端为墙的外墙内侧水平分布筋锚固，如图 4-18 所示。

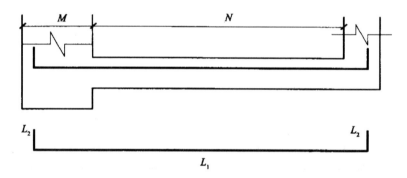

图 4-18 一端为柱、另一端为墙的外墙内侧水平分布筋锚固示意图

1）内侧水平分布筋在端柱中弯锚，如图 4-18 所示，$M-$保护层厚$<l_{aE}$ 或 l_a 时，内侧水平分布筋在端柱中弯锚。

其加工尺寸为：

$$L_1 = 墙长\,N + 2×0.4l_{aE}(0.4l_a)伸至对边 \qquad (4-64)$$
$$L_2 = 15d \qquad (4-65)$$

其下料长度为：

$$L = L_1 + 2L_2 - 2×90°量度差值 \qquad (4-66)$$

2）内侧水平分布筋在端柱中直锚，如图 4-18 所示，$M-$保护层厚$>l_{aE}$ 或 l_a 时，内侧水平分布筋在端柱中直锚，此时钢筋左侧没有 L_2。

其加工尺寸为：

$$L_1 = 墙长\,N + 0.4l_{aE}(0.4l_a)伸至对边 + l_{aE}(l_a) \qquad (4-67)$$
$$L_2 = 15d \qquad (4-68)$$

其下料长度为：

$$L = L_1 + L_2 - 90°量度差值 \qquad (4-69)$$

◆**一端为柱、另一端为墙的 L 形外墙水平分布筋下料**

一端为柱、另一端为墙的 L 形外墙水平分布筋锚固，如图 4 - 19 所示。

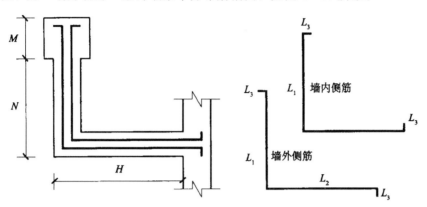

图 4 - 19　一端为柱、另一端为墙的 L 形外墙水平分布筋锚固示意图

（1）墙外侧水平分布筋下料

1）墙外侧水平分布筋在端柱中弯锚，如图 4 - 19 所示，$M-$保护层厚$<l_{aE}$或者 l_a 时，外侧水平分布筋在端柱中弯锚。

其加工尺寸为：
$$L_1＝墙长 N＋0.4l_{aE}（0.4l_a）伸至对边－保护层厚 \qquad (4-70)$$
$$L_2＝墙长 H＋0.4l_{aE}（0.4l_a）伸至对边－保护层厚 \qquad (4-71)$$
$$L_3＝15d \qquad (4-72)$$

其下料长度为：
$$L＝L_1＋L_2＋2L_3－3×90°量度差值 \qquad (4-73)$$

2）墙外侧水平分布筋在端柱中直锚，如图 4 - 19 所示，$M-$保护层厚$>l_{aE}$ 或 l_a 时，外侧水平分布筋在端柱中直锚，此处无 L_3。

其加工尺寸为：
$$L_1＝墙长 N＋l_{aE}（l_a）－保护层厚 \qquad (4-74)$$
$$L_2＝墙长 H＋0.4l_{aE}（0.4l_a）伸至对边－保护层厚 \qquad (4-75)$$

其下料长度为：
$$L＝L_1＋L_2－2×90°量度差值 \qquad (4-76)$$

（2）墙内侧水平分布筋下料

1）墙内侧水平分布筋在端柱中弯锚，如图 4 - 19 所示，$M-$保护层厚$<l_{aE}$ 或 l_a 时，内侧水平分布筋在端柱中弯锚。

加工尺寸为：
$$L_1＝墙长 N＋0.4l_{aE}（0.4l_a）伸至对边－墙厚＋保护层厚＋d \qquad (4-77)$$
$$L_2＝墙长 H＋0.4l_{aE}（0.4l_a）伸至对边－墙厚＋保护层厚＋d \qquad (4-78)$$
$$L_3＝15d \qquad (4-79)$$

下料长度为：
$$L＝L_1＋L_2＋2L_3－3×90°量度差值 \qquad (4-80)$$

2）墙内侧水平分布筋在端柱中直锚，如图 4-19 所示，$M-$ 保护层厚 $> l_{aE}$ 或 l_a 时，外侧水平分布筋在端柱中直锚，此处无 L_3。

其加工尺寸为：

$$L_1 = 墙长 N + l_{aE}(l_a) - 墙厚 + 保护层厚 + d \qquad (4-81)$$

$$L_2 = 墙长 H + 0.4l_{aE}(0.4l_a) 伸至对边 - 墙厚 + 保护层厚 + d \qquad (4-82)$$

其下料长度为：

$$L = L_1 + L_2 - 2 \times 90° 量度差值 \qquad (4-83)$$

◆转角墙（L 形墙）外侧水平钢筋连续通过下料长度计算

钢筋下料长度的计算公式：

$$钢筋下料长度 = 墙长 - 4 \times 保护层 + 2 \times 15d - 3 \times 90° 角外皮差值 \qquad (4-84)$$

◆转角墙（L 形墙）外侧水平钢筋断开通过下料长度计算

钢筋下料长度的计算公式：

$$①号钢筋下料长度 = 墙长 - 2 \times 保护层 + 2 \times 20d - 2 \times 90° 角外皮差值 \qquad (4-85)$$

$$②号钢筋下料长度 = 墙长 - 2 \times 保护层 + 2 \times 20d - 2 \times 90° 角外皮差值 \qquad (4-86)$$

◆转角墙（L 形墙）内侧水平钢筋锚入暗柱内长度计算

锚入暗柱内钢筋下料长度的计算公式：

$$①号钢筋下料长度 = 墙长 - 2 \times 保护层 + 2 \times 15d - 2 \times 90° 角外皮差值 \qquad (4-87)$$

$$②号钢筋下料长度 = 墙长 - 2 \times 保护层 + 2 \times 15d - 2 \times 90° 角外皮差值 \qquad (4-88)$$

◆转角墙（L 形墙）内侧水平钢筋锚入端柱内长度计算（直锚）

锚入端柱内钢筋下料长度的计算公式：

$$①号钢筋下料长度 = 墙长 - 保护层 + 15d + 端柱直锚 - 90° 角外皮差值 \qquad (4-89)$$

$$②号钢筋下料长度 = 墙长 - 保护层 + 15d + 端柱直锚 - 90° 角外皮差值 \qquad (4-90)$$

◆转角墙（L 形墙）内侧水平钢筋锚入端柱内长度计算（弯锚）

锚入端柱内钢筋下料长度的计算公式：

$$①号钢筋下料长度 = 墙长 - 保护层 + 2 \times 15d - 2 \times 90° 角外皮差值 \qquad (4-91)$$

$$②号钢筋下料长度 = 墙长 - 保护层 + 2 \times 15d - 2 \times 90° 角外皮差值 \qquad (4-92)$$

◆转角墙（L 形墙）内侧水平钢筋下料长度计算（端部无暗柱）

水平钢筋下料长度的计算公式：

$$①号钢筋下料长度 = 墙长 - 2 \times 保护层 + 2 \times 15d - 2 \times 90° 角外皮差值 \qquad (4-93)$$

$$②号钢筋下料长度 = 墙长 - 2 \times 保护层 + 2 \times 15d - 2 \times 90° 角外皮差值 \qquad (4-94)$$

【实　例】

【例 4-5】 转角墙外侧钢筋连续通过示意图如图 4-20 所示。钢筋混凝土强度等级为 C25，保护层厚度为 20mm，抗震等级为二级，钢筋为 HRB335，直径为 15mm。

试计算其外侧水平钢筋下料长度。

【解】

代入式（4-84）得：

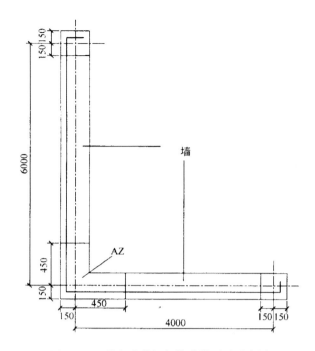

图 4-20　转角墙外侧钢筋连续通过示意图

钢筋下料长度＝墙长－4×保护层＋2×15d－3×90°角外皮差值

$$= (6+4+0.15×4)-4×0.02+2×15×0.015-3×2.931×0.015$$

$$=10.6-0.08+0.45-0.131895$$

$$≈10.838(\text{m})$$

【例 4-6】　转角墙外侧钢筋断开通过示意图如图 4-21 所示。钢筋混凝土强度等级为 C25，保护层厚度为 20mm，抗震等级为二级，钢筋为 HRB335，直径为 15mm。

试计算其外侧水平钢筋下料长度。

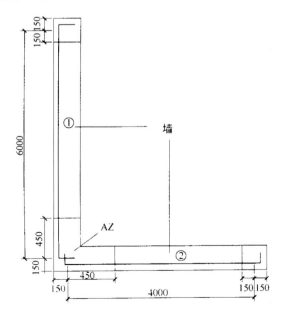

图 4-21　转角墙外侧钢筋断开通过示意图

【解】

代入式（4-85）得：

①号钢筋下料长度＝墙长－2×保护层＋2×20d－2×90°角外皮差值

$\quad\quad\quad\quad$＝(6+0.15×2)－2×0.02＋2×20×0.015－2×2.931×0.015

$\quad\quad\quad\quad$＝6.3－0.04＋0.6－0.08793

$\quad\quad\quad\quad$≈6.772(m)

代入式（4-86）得：

②号钢筋下料长度＝墙长－2×保护层＋2×20d－2×90°角外皮差值

$\quad\quad\quad\quad$＝(4+0.15×2)－2×0.02＋2×20×0.015－2×2.931×0.015

$\quad\quad\quad\quad$＝4.3－0.04＋0.6－0.08793

$\quad\quad\quad\quad$≈4.772(m)

【例4-7】 转角墙内侧钢筋示意图如图4-22所示。钢筋混凝土强度等级为C25，保护层厚度为20mm，抗震等级为二级，钢筋为HRB335，直径为15mm。

试计算其内侧水平钢筋下料长度。

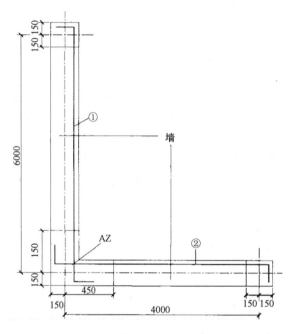

图4-22 转角墙内侧钢筋示意图

【解】

代入式（4-87）得：

①号钢筋下料长度＝墙长－2×保护层＋2×15d－2×90°角外皮差值

$\quad\quad\quad\quad$＝(6+0.15×2)－2×0.02＋2×15×0.015－2×2.931×0.015

$\quad\quad\quad\quad$＝6.3－0.04＋0.45－0.08793

$\quad\quad\quad\quad$≈6.622(m)

代入式（4-88）得：

②号钢筋下料长度＝墙长－2×保护层＋2×15d－2×90°角外皮差值

$$=(4+0.15\times2)-2\times0.02+2\times15\times0.015-2\times2.931\times0.015$$
$$=4.3-0.04+0.45-0.08793$$
$$\approx4.622(\text{m})$$

4.5 剪力墙连梁钢筋下料

常遇问题

1. 墙端部洞口连梁钢筋如何下料？
2. 单双洞口连梁钢筋如何下料？

【下料方法】

◆**墙端部洞口连梁的钢筋下料计算**

墙端部洞口连梁水平分布筋示意图如图 4-23 所示。

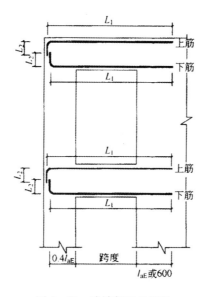

图 4-23 墙端部洞口连梁

端部洞口连梁水平分布筋计算公式见表 4-11。

表 4-11 端部洞口连梁水平分布筋计算公式表

钢筋部位	L_1 长度	L_2 长度	下料长度
上筋、下筋	跨度总长+0.4L_{aE} (0.4L_a) + [L_{aE} (L_a)，600mm] 二者取最大值	15d	$L=L_1+L_2-90°$外皮差值

◆**单双洞口连梁的钢筋下料计算**

单、双洞口连梁水平分布钢筋示意图如图 4-24 所示。

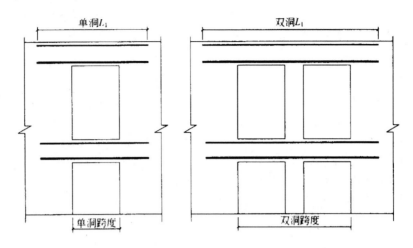

图 4-24　单、双洞口连梁水平分布钢筋示意图

单洞口连梁钢筋计算公式：

$$单洞 L_1 = 单洞跨度 + 2 \times [L_{aE}(L_a) 或 600mm 的最大值] \tag{4-95}$$

双洞口连梁钢筋计算公式：

$$双洞 L_1 = 双洞跨度 + 2 \times [L_{aE}(L_a) 或 600mm 的最大值] \tag{4-96}$$

需要注意的是，双洞跨度不是两个洞口加在一起的长度，而是连在一起不扣除两洞口之间的距离的总长度，且上、下钢筋长度均相等。

【实　例】

【例 4-8】　某抗震二级剪力墙端部洞口连梁，钢筋级别为 HRB335 级钢筋，直径 $d = 25mm$，混凝土强度等级为 C30，跨度为 1.5m。

试计算墙端部洞口连梁的钢筋下料尺寸（上、下钢筋计算方法相同）。

【解】

已知 C30、二级抗震，HRB335 级钢筋。

$L_{aE} = 34d$

$\quad = 34 \times 0.025$

$\quad = 0.85(m) > 600mm$，故取 L_{aE} 值。

$L_1 = 跨度总长 + 0.4L_{aE} + L_{aE}$

$\quad = 1.5 + 0.4 \times 0.85 + 0.85$

$\quad = 2.69(m)。$

$L_2 = 15d$

$\quad = 15 \times 0.025$

$\quad = 0.375(m)。$

总下料长度 $= L_1 + L_2 - 90°外皮差值$

$\qquad = 2.69 + 0.375 - 2.931 \times 0.025$

$\qquad \approx 2.992(m)。$

【例 4-9】　已知二级抗震墙端部洞口连梁，钢筋规格为 $d = 20mm$（HRB335 级钢筋），混凝土强度等级为 C30，跨度为 1000mm，$l_{aE}=32d$。

求剪力墙墙端部洞口连梁钢筋（上、下筋计算方法相同），计算 l_1 和 l_2 的加工尺寸和下料尺寸。

【解】

$l_1=\max(l_{aE}，600\text{mm})+$ 跨度 $+0.4l_{aE}$

　　$=\max(32d，600)+1000+0.4\times32d$

　　$=\max(32\times20，600)+1000+0.4\times32\times20$

　　$=640+1000+256$

　　$=1896(\text{mm})$。

$l_2=15d=300(\text{mm})$

下料长度 $=l_1+l_2-$ 外皮差值

　　　　$=1896+300-2.931d$

　　　　$=1896+300-59$

　　　　$=2137(\text{mm})$。

5

板 构 件 钢 筋 下 料

5.1　板上部贯通纵筋下料

【下料方法】

◆板上部贯通纵筋的配筋特点

（1）横跨一个或几个整跨。

（2）两端伸至支座梁（墙）外侧纵筋的内侧，再弯直钩 $15d$；当直锚长度 $\geqslant l_a$ 时可不弯折。

说明：板上部贯通纵筋在端支座的构造参看图 5-1 和图 5-2，在中间支座及跨中的构造参看图 5-3。

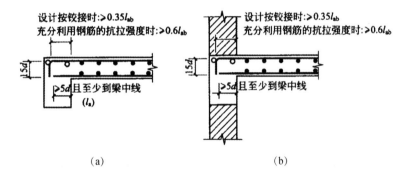

图 5-1　板上部贯通纵筋在端支座的构造（一）

（a）板端支座为梁；（b）板端支座为圈梁

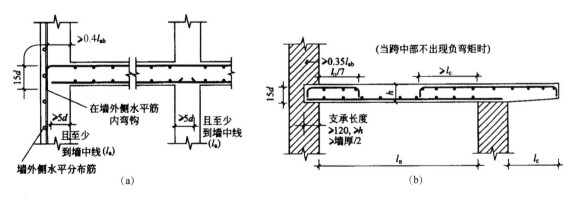

图 5-2　板上部贯通纵筋在端支座的构造（二）

（a）端部支座为剪力墙；（b）端部支座为砌体墙

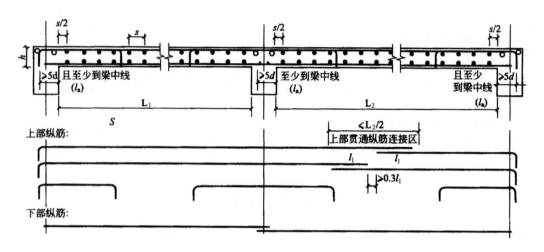

图 5-3 板上部贯通纵筋在中间支座及跨中的构造

注：s 为板筋间距。

◆ **端支座为梁时板上部贯通纵筋的计算**

（1）计算板顶贯通纵筋的长度

板顶贯通纵筋两端伸入梁外侧角筋的内侧，弯锚长度为 l_a。具体的计算方法为：

1）先计算直锚长度＝梁截面宽度－保护层厚－梁角筋直径；

2）再计算弯钩长度＝l_a－直锚长度。

以单块板上部贯通纵筋的计算为例：

$$板顶贯通纵筋的直段长度＝净跨长度＋两端的直锚长度 \qquad (5-1)$$

（2）计算板上部贯通纵筋的根数

按照《11G101-1》图集的规定，第一根贯通纵筋在距梁角筋中心 1/2 板筋间距处开始设置。假设梁角筋直径为 25mm，混凝土保护层厚为 25mm，则：

梁角筋中心到混凝土内侧的距离 $a＝25/2＋25＝37.5(mm)$

这样，板顶贯通纵筋的布筋范围＝净跨长度＋$a×2$。

在这个范围内除以钢筋的间距，得到的"间隔个数"就是钢筋的根数，因为在施工中，常将钢筋放在每个"间隔"的中央位置。

◆ **端支座为剪力墙时板上部贯通纵筋的计算**

（1）计算板顶贯通纵筋的长度

板顶贯通纵筋两端伸入梁外侧角筋的内侧，弯锚长度为 l_a。具体计算方法为：

1）先计算直锚长度＝梁截面宽度－保护层厚－梁角筋直径；

2）再计算弯钩长度＝l_a－直锚长度。

以单块板上部贯通纵筋的计算为例：

$$板顶贯通纵筋的直段长度＝净跨长度＋两端的直锚长度 \qquad (5-2)$$

（2）计算板顶贯通纵筋的根数

按照《11G101-1》图集的规定，第一根贯通纵筋在距墙身水平分布筋中心为 1/2 板筋间距处开始进行设置。假设墙身水平分布筋直径为 12mm，混凝土保护层为 15mm，则：

墙身水平分布筋中心到混凝土内侧的距离 $a＝12/2＋15＝21(mm)$

这样，板顶贯通纵筋的布筋范围＝净跨长度＋$a \times 2$。

在这个范围内除以钢筋的间距，得到的"间隔个数"就是钢筋的根数，因为在施工过程中，常将钢筋放在每个"间隔"的中央位置。

【实　　例】

【例 5-1】　如图 5-4 所示，板 LB1 的集中标注为

$$LB1 \ h=100$$
$$B:X\&Y\phi8@150$$
$$T:X\&Y\phi8@150$$

LB1 的大边尺寸为 3500mm×7000mm，在板的左下角设有两个并排的电梯井（尺寸为 2400mm×4800mm）。该板右边的支座为框架梁 KL3（250mm×650mm），板的其余各边均为剪力墙结构（厚度为 280mm），混凝土强度等级 C25，二级抗震等级。墙身水平分布筋直径为 14mm，KL3 上部纵筋直径为 20mm。

计算板的上部贯通纵筋。

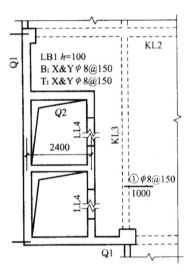

图 5-4　板 LB1 示意

【解】

（1）X 方向的上部贯通纵筋计算

1）长筋

① 钢筋长度计算

（轴线跨度为 3500mm；左支座为剪力墙，厚度为 280mm；右支座为框架梁，宽度为 250mm）

$$左支座直锚长度 = l_a$$
$$= 27d$$
$$= 27 \times 8$$
$$= 216(mm)$$
$$右支座直锚长度 = 250 - 25 - 20$$
$$= 205 \ (mm)$$
$$上部贯通纵筋的直段长度 = (3500 - 150 - 125) + 216 + 205$$
$$= 3646(mm)$$
$$右支座弯钩长度 = l_a - 直锚长度$$
$$= 27d - 205$$
$$= 27 \times 8 - 205$$
$$= 11(mm)$$

上部贯通纵筋的左端无弯钩。

②钢筋根数计算

（轴线跨度为 2100mm；左端到 250mm 剪力墙的右侧；右端到 280mm 框架梁的左侧）

$$钢筋根数 = [(2100 - 125 - 150) + 21 + 37.5] / 150$$
$$= 13(根)$$

2）短筋

① 钢筋长度计算

（轴线跨度为1200mm；左支座为剪力墙，厚度为250mm；右支座为框架梁，宽度为250mm）

左支座直锚长度＝l_a

$$=27d$$
$$=27×8$$
$$=216(mm)$$

右支座直锚长度＝250－25－20

$$=205(mm)$$

上部贯通纵筋的直段长度＝（1200－125－125）＋216＋205

$$=1371(mm)$$

右支座弯钩长度＝l_a－直锚长度

$$=27d－205$$
$$=27×8－205$$
$$=11(mm)$$

上部贯通纵筋的左端无弯钩。

②钢筋根数计算

（轴线跨度为4800mm；左端到280mm剪力墙的右侧；右端到250mm剪力墙的右侧）

钢筋根数＝[（4800－150＋125）＋21－21]／150

$$=32(根)。$$

（2）Y方向的上部贯通纵筋计算

1）长筋

① 钢筋长度计算

（轴线跨度为7000mm；左支座为剪力墙，厚度为280mm；右支座为框架梁，宽度为280mm）

左支座直锚长度＝l_a

$$=27d$$
$$=27×8$$
$$=216(mm)$$

右支座直锚长度＝l_a

$$=27d$$
$$=27×8$$
$$=216(mm)$$

上部贯通纵筋的直段长度＝（7000－150－150）＋216＋216

$$=7132(mm)$$

上部贯通纵筋的两端无弯钩。

②钢筋根数计算

（轴线跨度为1200mm；左支座为剪力墙，厚度为250mm；右支座为框架梁，宽度为250mm）

钢筋根数＝[（1200－125－125）＋21＋36]／150

$$=7(根)$$

2）短筋

①钢筋长度计算

（轴线跨度为 2100mm；左支座为剪力墙，厚度为 250mm；右支座为框架梁，宽度为 280mm）

$$左支座直锚长度＝l_a$$
$$＝27d$$
$$＝27×8$$
$$＝216(mm)$$

$$右支座直锚长度＝l_a$$
$$＝27d$$
$$＝27×8$$
$$＝216(mm)$$

$$上部贯通纵筋的直段长度＝(2100-125-150)+216+216$$
$$＝2257(mm)$$

上部贯通纵筋的两端无弯钩。

②钢筋根数计算

（轴线跨度为 2400mm；左支座为剪力墙，厚度为 280mm；右支座为框架梁，宽度为 250mm）

$$钢筋根数＝[(2400-150+125)+21-21]/150$$
$$＝16(根)$$

【例 5-2】 LB5 平法施工图，见图 5-5。其中，混凝土强度等级为 C30，抗震等级为一级。试求 LB5 的板顶筋。

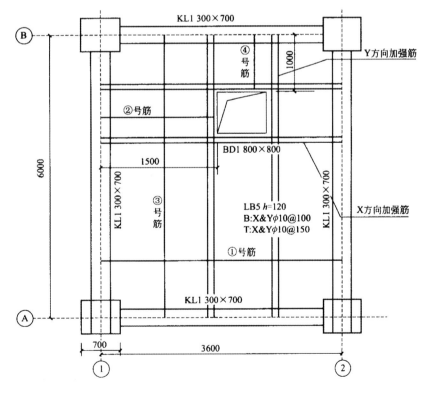

图 5-5 LB5 平法施工图

【解】

由混凝土强度等级 C30 和一级抗震，查表得：梁钢筋混凝土保护层厚度 $c_梁＝20mm$，板钢筋混凝土保护层厚度 $c_板＝15mm$。

(1) ①号板顶筋长度＝净长＋端支座锚固

由于（支座宽 $-c＝300-20＝280mm)<(l_a＝29×10＝290mm)$，故采用弯锚形式。

总长＝3600－300＋2×（300－20＋15×10）

　　＝4160（mm）

(2) ②号板顶筋（右端在洞边下弯）长度＝净长＋左端支座锚固＋右端下弯长度

由于（支座宽 $-c＝300-20＝280mm)<(l_a＝29×10＝290mm)$，故采用弯锚形式。

右端下弯长度＝120－2×15

　　　　　　＝90（mm）

总长＝（1500－150－15）＋300－20＋15×10＋90

　　＝1855（mm）

(3) ③号板顶筋长度＝净长＋端支座锚固＋弯钩长度

端支座弯锚长度＝300－20＋15×10

　　　　　　　＝430（mm）

总长＝6000－300＋2×430

　　＝6560（mm）

(4) ④号板顶筋（下端在洞边下弯）

长度＝净长＋上端支座锚固＋下端下弯长度

端支座弯锚长度＝300－20＋15×10

　　　　　　　＝430（mm）

下端下弯长度＝120－2×15

　　　　　　＝90（mm）

总长＝（1000－150－20）＋430＋90

　　＝1350（mm）

(5) X 方向洞口加强筋：同①号筋。

(6) Y 方向洞口加强筋：同③号筋。

5.2 板下部贯通纵筋下料

常遇问题

1. 如何计算板下部贯通纵筋？

2. 板底筋如何下料？

【下料方法】

◆端支座为梁时板下部贯通纵筋的计算

（1）计算板底贯通纵筋的长度

具体的计算方法如下：

1）选定直锚长度＝梁宽/2。

2）验算选定的直锚长度是否≥5d。如果满足"直锚长度≥5d"，则没有问题；如果不满足"直锚长度≥5d"，则取定5d为直锚长度。在实际工程中，1/2梁厚一般都能够满足"≥5d"的要求。

以单块板底贯通纵筋的计算为例：

$$板底贯通纵筋的直段长度＝净跨长度＋两端的直锚长度 \quad\quad (5-3)$$

（2）计算板底贯通纵筋的根数

计算方法和板顶贯通纵筋根数算法是一致的。

按《11G101-1》图集的规定，第一根贯通纵筋在距梁角筋中心1/2板筋间距处开始设置。假设梁角筋的直径为25mm，混凝土保护层厚度为25mm，则：

$$梁角筋中心到混凝土内侧的距离 a＝25/2＋25＝37.5(mm)$$

这样，板顶贯通纵筋的布筋范围＝净跨长度＋$a×2$。

在这个范围内除以钢筋的间距，得到的"间隔个数"便为钢筋的根数（因为在施工中，常将钢筋放在每个"间隔"的中央位置）。

◆端支座为剪力墙时板下部贯通纵筋的计算

（1）计算板底贯通纵筋的长度

具体的计算方法如下：

1）先选定直锚长度＝墙厚/2。

2）验算选定的直锚长度是否≥5d。若满足"直锚长度≥5d"，则没有问题；如果不满足"直锚长度≥5d"，则取定5d为直锚长度。在实际工程中，1/2梁厚一般都能够满足"≥5d"的要求。

以单块板底贯通纵筋的计算为例：

$$板底贯通纵筋的直段长度＝净跨长度＋两端的直锚长度 \quad\quad (5-4)$$

（2）计算板底贯通纵筋的根数

计算方法和板顶贯通纵筋根数算法是一致的。

【实　　例】

【例5-3】　如图5-6所示，板LB1的集中标注为

$$LB1\ h＝100$$
$$B:X\&Y8\phi@150$$
$$T:X\&Y8\phi@150$$

板LB1尺寸为3800mm×7000mm，板左边的支座为框架梁KL1（250mm×700mm），板的其余三边均为剪力墙结构（厚度为300mm），在板中距上边梁2100mm处有一道非框架梁L1

（250mm×450mm）。混凝土强度等级为C25，属二级抗震等级。计算其下部贯通纵筋。

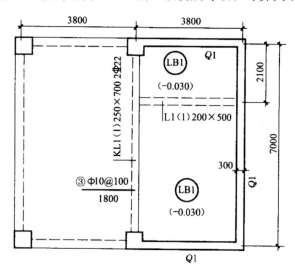

图 5-6 板 LB1 示意

【解】

（1）LB1 板 X 方向的下部贯通纵筋长度

1）左支座直锚长度＝墙厚/2

$$＝300/2$$

$$＝150(\text{mm})$$

右支座直锚长度＝墙厚/2

$$＝250/2$$

$$＝125(\text{mm})$$

2）验算：$5d＝5×8＝40\text{mm}$，显然，直锚长度＝125mm＞40mm，满足要求。

3）下部贯通纵筋的直段长度＝净跨长度＋两端的直锚长度

$$＝(3800-125-150)+150+125$$

$$＝3800(\text{mm})$$

（2）LB1 板 X 方向的下部贯通纵筋根数

注意：LB1 板的中部存在一道非框架梁 L1，所以准确地计算就应该按两块板进行计算。这两块板的跨度分别为 4900mm 和 2100mm，这两块板的钢筋根数为：

左板根数＝(4900-150-125)/150

$$＝31(\text{根})$$

右板根数＝(2100-125-150)/150

$$＝13(\text{根})$$

所以，

LB1 板 X 方向的下部贯通纵筋根数＝31+13

$$＝44(\text{根})$$

（3）LB1 板 Y 方向的下部贯通纵筋长度

直锚长度＝墙厚/2

$$= 300/2$$

$$= 150(\text{mm})$$

下部贯通纵筋的直段长度＝净跨长度＋两端的直锚长度

$$= (7000 - 150 - 150) + 150 \times 2$$

$$= 7000(\text{mm})$$

（4）LB1 板 Y 方向的下部贯通纵筋根数

板下部贯通纵筋的布筋范围＝净跨长度

$$= 3800 - 125 - 150$$

$$= 3525(\text{mm})$$

Y 方向的下部贯通纵筋根数＝3525/150

$$= 24(\text{根})$$

【**例 5 - 4**】 LB4 平法施工图，见图 5 - 7。试求 LB4 的板底筋。其中，混凝土强度等级为 C30，抗震等级为一级。

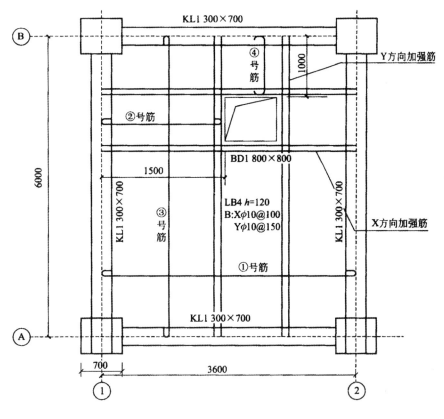

图 5 - 7　LB4 平法施工图

【**解**】

由混凝土强度等级 C30 和一级抗震，查表得：梁钢筋混凝土保护层厚度 $c_{梁} = 20\text{mm}$，板钢筋混凝土保护层厚度 $c_{板} = 15\text{mm}$。

（1）①号筋长度＝净长＋端支座锚固＋弯钩长度

端支座锚固长度＝$\max(h_b/2，5d)$

$$=\max(150，5\times10)$$
$$=150(\mathrm{mm})$$

180°弯钩长度＝6.25d

总长＝3600－300＋2×150＋2×6.25×10

$$=3725(\mathrm{mm})$$

（2）②号筋（右端在洞边上弯回折）

②号筋长度＝净长＋左端支座锚固＋弯钩长度＋右端上弯回折长度＋弯钩长度

端支座锚固长度＝max($h_\mathrm{b}/2$，5d)
$$=\max(150，5\times10)$$
$$=150(\mathrm{mm})$$

180°弯钩长度＝6.25d

右端上弯回折长度＝120－2×15＋5×10
$$=140(\mathrm{mm})$$

总长＝(1500－150－15)＋(150＋6.25×10)＋(140＋6.25×10)
$$=1750(\mathrm{mm})$$

（3）③号筋长度＝净长＋端支座锚固＋弯钩长度

端支座锚固长度＝max($h_\mathrm{b}/2$，5d)
$$=\max(150，5\times10)$$
$$=150(\mathrm{mm})$$

180°弯钩长度＝6.25d

总长＝6000－300＋2×150＋2×6.25×10

$$=6125(\mathrm{mm})$$

（4）④号筋（下端在洞边下弯）

④号筋长度＝净长＋上端支座锚固＋弯钩长度＋下端上弯回折长度＋弯钩长度

端支座锚固长度＝max($h_\mathrm{b}/2$，5d)＝max(150，5×10)＝150(mm)

180°弯钩长度＝6.25d

下端下弯长度＝120－2×15＋5×10＝140(mm)

总长＝(1000－150－15)＋(150＋6.25×10)＋(140＋6.25×10)＝1250(mm)

（5）X方向洞口加强筋：同①号筋。

（6）Y方向洞口加强筋：同③号筋。

5.3 扣筋下料

常遇问题

1. 如何计算扣筋的水平段长度？

2. 如何计算扣筋的分布筋？

【下料方法】

◆扣筋计算的基本原理

扣筋是指板支座上部非贯通筋，是一种在板中应用得比较多的钢筋。在一个楼层中，扣筋的种类是最多的，因此在板钢筋计算中，扣筋的计算占了相当大的比重。

扣筋的形状为"⌐——⌐"形，包括两条腿和一个水平段。

（1）扣筋腿的长度与所在楼板的厚度有关。

①单侧扣筋：

$$扣筋腿的长度＝板厚度－15mm（可把扣筋的两条腿采用同样的长度）\qquad （5－5）$$

②双侧扣筋（横跨两块板）：

$$扣筋腿1的长度＝板1的厚度－15mm\qquad （5－6）$$
$$扣筋腿2的长度＝板2的厚度－15mm\qquad （5－7）$$

（2）扣筋的水平段长度可根据扣筋延伸长度的标注值来计算。如果只根据延伸长度标注值还无法计算的话，则还需依据平面图板的相关尺寸进行计算。

◆横跨在两块板中的"双侧扣筋"的扣筋计算

横跨在两块板中的"双侧扣筋"的扣筋计算如下：

（1）双侧扣筋（两侧都标注延伸长度）：

$$扣筋水平段长度＝左侧延伸长度＋右侧延伸长度\qquad （5－8）$$

（2）双侧扣筋（单侧标注延伸长度）表明该扣筋向支座两侧对称延伸，其计算公式为：

$$扣筋水平段长度＝单侧延伸长度×2\qquad （5－9）$$

◆需要计算端支座部分宽度的扣筋计算

单侧扣筋，一端支承在梁（墙）上，另一端伸到板中，其计算公式为：

$$扣筋水平段长度＝单侧延伸长度＋端部梁中线至外侧部分长度\qquad （5－10）$$

◆横跨两道梁的扣筋计算

（1）在两道梁之外都有伸长度

$$扣筋水平段长度＝左侧延伸长度＋两梁的中心间距＋右侧延伸长度\qquad （5－11）$$

（2）仅在一道梁之外有延伸长度

$$扣筋水平段长度＝单侧延伸长度＋两梁的中心间距＋端部梁中线至外侧部分长度（5－12）$$

其中：

$$端部梁中线至外侧部分的扣筋长度＝梁宽度/2－保护层－梁纵筋直径\qquad （5－13）$$

◆贯通全悬挑长度的扣筋计算

贯通全悬挑长度的扣筋的水平段长度计算公式如下：

$$扣筋水平段长度＝跨内延伸长度＋梁宽/2＋悬挑板的挑出长度－保护层\qquad （5－14）$$

◆扣筋分布筋的计算

（1）扣筋分布筋根数的计算原则

1）扣筋拐角处必须布置一根分布筋。

2）在扣筋的直段范围内按分布筋间距进行布筋。板分布筋的直径和间距在结构施工图的说明中有明确的规定。

3）当扣筋横跨梁(墙)支座时，在梁(墙)宽度范围内不布置分布筋，此时应当分别对扣筋的两个延伸净长度计算分布筋的根数。

（2）扣筋分布筋的长度

扣筋分布筋的长度无需按照全长计算。由于在楼板角部矩形区域，横竖两个方向的扣筋相互交叉，互为分布筋，因此这个角部矩形区域不应再设置扣筋的分布筋，否则，四层钢筋交叉重叠在一块，混凝土无法覆盖住钢筋。

◆一根完整的扣筋的计算过程

（1）计算扣筋的腿长。如果横跨两块板的厚度不同，则扣筋的两腿长度要分别进行计算。

（2）计算扣筋的水平段长度。

（3）计算扣筋的根数。如果扣筋的分布范围为多跨，也还需"按跨计算根数"，相邻两跨之间的梁（墙）上不布置扣筋。

（4）计算扣筋的分布筋。

【实　　例】

【例 5 - 5】　一根横跨一道框架梁的双侧扣筋③号钢筋，扣筋的两条腿分别伸到 LB1 和 LB2 两块板中，LB1 的厚度为 120mm，LB2 的厚度为 100mm。

在扣筋的上部标注：③ϕ10@150(2)

在扣筋下部的左侧标注：1800

在扣筋下部的右侧标注：1400

扣筋标注的所在跨及相邻跨的轴线跨度都是 3600mm，两跨之间的框架梁 KL5 宽度为 250mm，均为正中轴线。扣筋分布筋为 ϕ8@150，如图 5 - 8 所示。计算扣筋分布筋。

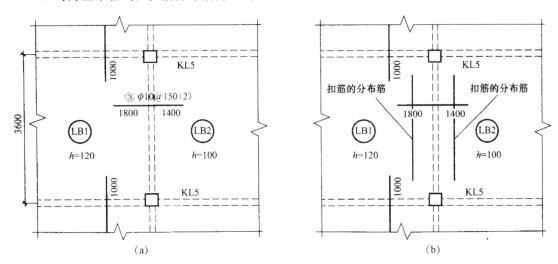

图 5 - 8　扣筋分布筋

(a) 扣筋长度及根数计算；(b) 扣筋的分布筋计算

【解】

（1）扣筋的腿长

扣筋腿 1 的长度＝LB1 的厚度－15mm

$$＝120－15$$

$$＝105(mm)$$

扣筋腿 2 的长度＝LB2 的厚度－15mm

$$＝100－15$$

$$＝85(mm)$$

（2）扣筋的水平段长度

扣筋水平段长度＝1800＋1400

$$＝3200(mm)$$

（3）扣筋根数

单跨的扣筋根数＝3350/150

$$＝23(根)$$

（注：3350/150＝22.3，本着有小数进 1 的原则，取整为 23）

两跨的扣筋根数＝23×2

$$＝46(根)$$

（4）扣筋的分布筋

计算扣筋分布筋长度的基数是 3350mm，还要减去另向扣筋的延伸净长度，然后加上搭接长度 150mm。

如果另向扣筋的延伸长度是 1000mm，延伸净长度＝1000－125＝875mm，则

扣筋分布筋长度＝3350－875×2＋150×2

$$＝1900(mm)$$

下面计算扣筋分布筋的根数：

扣筋左侧分布筋根数＝(1800－125)/250＋1

$$＝7＋1$$

$$＝8(根)$$

扣筋右侧分布筋根数＝(1400－125)/250＋1

$$＝6＋1$$

$$＝7(根)$$

所以，

扣筋分布筋根数＝8＋7

$$＝15(根)$$

两跨的扣筋分布筋根数＝15×2

$$＝30(根)$$

6

梁板式基础钢筋下料

6.1　基础主梁和基础次梁纵向钢筋下料

常遇问题

1. 基础主梁的梁长如何计算？
2. 基础主梁非贯通纵筋长度如何计算？
3. 基础主梁贯通纵筋连接构造如何计算？
4. 基础次梁纵向钢筋如何计算？

【下料方法】

◆基础主梁的梁长计算

（1）框架结构的楼盖中，框架梁以框架柱为支座，是"柱包梁"，在框架梁长度计算时，计算到框架柱的外皮。

（2）梁板式筏形基础中，基础主梁是框架柱的支座，在基础中是"梁包柱"，在两道基础主梁相交的柱节点中，基础主梁的长度是计算到相交的基础主梁外皮（而不是框架柱的外皮）。

◆基础主梁的每跨长度计算

框架梁以框架为支座，所以在框架分跨时，以框架柱作为分跨的依据，框架梁的跨度指净跨长度，即该跨梁两端的框架柱内皮之间的距离。框架梁在计算支座负筋延伸长度时，就算为这个净跨长度的 1/3 或 1/4。

基础主梁和基础次梁的底部贯通纵筋连接区，就设定在 1/3 净跨度长度的范围内（严格地说是"$\leqslant l_n/3$"，其中 l_n 是基础主梁或基础次梁的跨度）。同样，基础主梁顶部贯通纵筋的连接区，也是以这样的跨度来定义的，柱中心线两边各 $l_n/4$ 的范围，就是基础主梁顶部贯通纵筋的连接区，如图 6-1 所示。基础主梁这样的分跨，虽然也能够影响其箍筋加密区与非加密区的划分，但是不能影响箍筋在基础主梁内部的贯通设置。

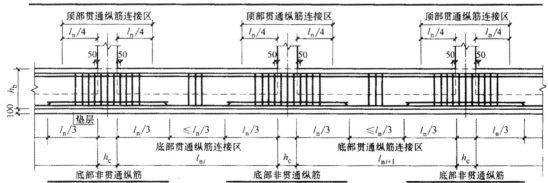

图 6-1　基础主梁顶部贯通纵筋的连接区

◆**基础主梁的非贯通纵筋长度计算**

（1）基础主梁的非贯通纵筋长度

基础主梁 JL 纵向钢筋与箍筋构造图中（图 6-1），标明基础主梁的非贯通纵筋自柱中心线向跨内延伸 $l_n/3$，且 $\geq a$，其中 l_n 是节点左跨跨度和右跨跨度的较大值（边跨端部 l_n 取边跨跨度值），$a=1.2l_a+h_b+0.5h_e$（h_b 为梁高，h_e 为柱宽），计算出来的 a 值有可能大于 $l_n/3$。

（2）两排非贯通纵筋的长度

图 6-1 中的第一排底部纵筋在"$l_n/3$"附近有两个切断点，表明这是"第一排底部非贯通纵筋"位置。当底部纵筋多于两排时，从第三排起非贯通纵筋向跨内的延伸长度值应由设计者注明。

◆**基础主梁的贯通纵筋连接构造计算**

（1）底部贯通纵筋连接区长度的计算

连接区的长度＝本跨长度－左半非贯通纵筋延伸长度－右半非贯通纵筋延伸长度

（2）架立筋的计算

1）架立筋的长度＝本跨底部贯通纵筋连接区的长度＋2×150mm

2）架立筋的根数＝箍筋的肢数－第一排底部贯通纵筋的根数

（3）基础主梁的顶部贯通纵筋计算

在柱中心线左右各 $l_n/4$ 的范围是顶部贯通纵筋连接区（如图 6-1 所示）。基础主梁相交位于同一层面的交叉纵筋，梁纵筋的位置应按具体设计说明设置。

◆**基础次梁 JCL 纵向钢筋计算**

基础次梁 JCL 纵向钢筋构造（图 6-2）与基础主梁 JL 的钢筋构造基本上是一致的。下面只列出基础次梁与基础主梁的不同之处。

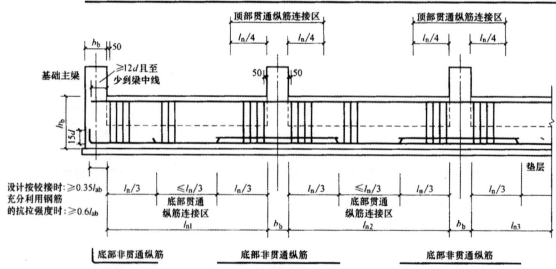

图 6-2 基础次梁 JCL 纵向钢筋与箍筋构造

（1）端部等（变）截面外伸构造中，当 $l_n + b_b \le l_a$ 时，基础梁下部钢筋应伸至端部后弯折 $15d$；从梁跨边算起水平段长度由设计指定，当设计按铰接时，应 $\ge 0.35 l_{ab}$；当充分利用钢筋抗拉强度时，应 $\ge 0.6 l_{ab}$。

（2）在基础次梁的支座附近上方没有标注一个"顶部贯通纵筋连接区"，而是在图上标明顶部贯通纵筋锚入支座（基础主梁）$\ge 12d$，且至少到梁中线。基础次梁与基础主梁的这种区别，是由于基础次梁以基础主梁作为支座，而基础主梁并非以框架柱作为支座。

【实　　例】

【例 6-1】　某工程的平面图是轴线 5000mm 的正方形，四角为 KZ1（500mm×500mm）轴线正中，基础梁 JZL1 截面尺寸为 600mm×900mm，混凝土强度等级为 C20。

基础梁纵筋：底部和顶部贯通纵筋均为 7Φ25，侧面构造钢筋为 8Φ12。

基础梁箍筋：11Φ10@100/200(4)。

【解】

按图 6-3（b）计算框架梁，梁两端框架外皮尺寸为 5000＋250×2＝5500mm，则框架梁纵筋长度为 5500－30×2＝5440mm。按基础梁 JZL1 图 6-3（a）计算，基础主梁的长度计算到相交的基础主梁的外皮为 5000＋300×2＝5600mm，则基础主梁纵筋长度为 5600－30×2＝5540mm。

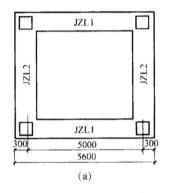
(a)

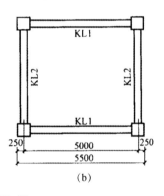
(b)

图 6-3　框架梁

6.2　基础主梁和基础次梁箍筋下料

常遇问题

1. 基础主梁箍筋如何设置？

2. 基础次梁箍筋如何设置？

【下料方法】

◆**基础主梁的箍筋设置**

基础主梁的箍筋设置如图 6-4 所示。

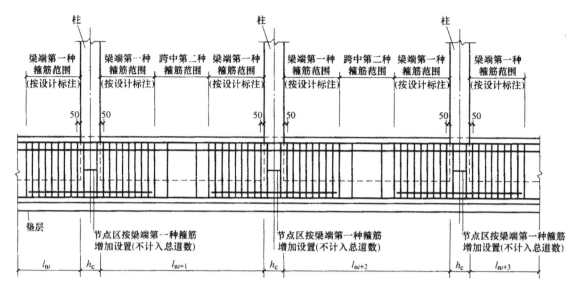

图 6-4 基础主梁的箍筋设置

（1）每跨梁的箍筋布置从距框架柱边 50mm 开始，依次布置第一种加密箍筋、第二种加密箍筋、非加密区的箍筋。其中，加密箍筋按箍筋标注的根数和间距进行布置，箍筋加密区的长度＝箍筋间距×（箍筋根数－1）。

非加密区的长度＝梁净跨长度－50mm×2－第一种箍筋加密区长度－第二种箍筋加密区长度

（2）基础主梁在柱下区域按梁端箍筋的规格、间距贯通设置，柱下区域的长度为框架柱宽度＋50×2，在整个柱下区域内，按"第一种加密箍筋的规格和间距"进行布筋。

（3）当梁只标注一种箍筋的规格和间距时，则整道基础主梁（包括柱下区域）都按照这种箍筋的规格和间距进行配筋。

（4）两向基础主梁相交的柱下区域，应有一向截面较高的基础主梁按梁端箍筋全面贯通设置；另一向的基础主梁的箍筋从该向距架柱边 50mm 开始布置。

◆基础次梁的箍筋设置

基础次梁的箍筋设置如图 6-5 所示。

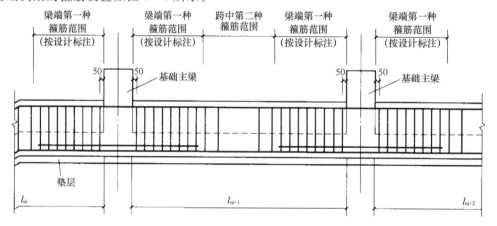

图 6-5 基础次梁 JCL 配置两种箍筋构造图

（1）每跨梁的箍筋布置从距基础主梁边 50mm 开始计算，依次布置第一种加密箍筋、第二种加密箍筋、非加密区的箍筋。其中：第一种加密箍筋按箍筋标注的根数和间距进行布置，箍筋加密区长度＝［箍筋间距×（箍筋根数－1）］。

非加密区的长度＝梁净跨长度－50mm×2＝第一种箍筋加密区长度－第二种箍筋加密区长度

（2）当梁只标注一种箍筋的规格和间距时，则整跨基础次梁都按照这种箍筋的规格和间距进行配筋。

【实 例】

【例 6-2】 一基础次梁，其净长度为 6000mm，箍筋标注为：

9Φ16@100/12Φ16@150/Φ16@200(6)

这表示箍筋为 HRB335 钢筋，直径为 16mm，均为 6 肢箍，从梁端到跨内，有 3 种箍筋的设置范围，如图 6-6 所示。

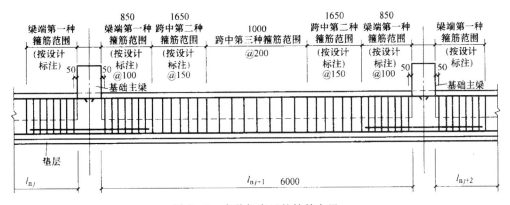

图 6-6 多种加密区的箍筋布置

注：1. l_{n1} 为基础次梁的本跨净跨值。

2. 当具体设计未注明时，基础次梁的外伸部位，按第一种箍筋设置。

3. 基础梁竖向加腋部位的钢筋见设计标注。加腋范围的箍筋与基础梁的箍筋配置相同，仅箍筋高度为变值。

（1）间距为 100mm 设置 9 道，即在本跨两端的分布范围均为 100×8＝800mm。

（2）接着以间距 150mm 设置 12 道，即在本跨再设置第二种箍筋，两端的分布范围均为 150×11＝1650mm。

（3）其余间距为 200mm，第三种箍筋的分布范围为：

6000－50×2－800×2－1650×2＝1000mm

第三种箍筋的根数＝1000/200－1＝4(4 道 6 肢箍)

6.3 梁板式筏形基础平板 LPB 钢筋下料

常遇问题

1. 如何计算底部非贯通纵筋？

2. 如何计算底部贯通纵筋？

【下料方法】

◆**底部非贯通纵筋计算**

梁板式筏形基础平板 LPB 钢筋构造包括柱下区域构造和跨中区域构造，见图 6-7、图 6-8。

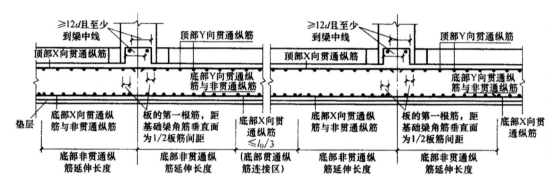

图 6-7 梁板式筏形基础平板 LPB 钢筋构造（柱下区域的构造）

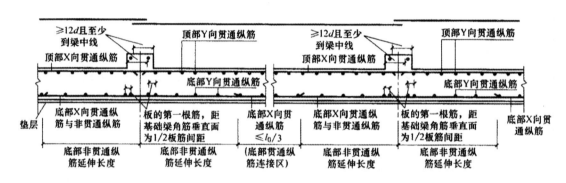

图 6-8 梁板式筏形基础平板 LPB 钢筋构造（跨中区域的构造）

（1）底部非贯通纵筋的延伸长度，根据基础平板 LPB 原位标注的底部非贯通纵筋的延伸长度值进行计算。

（2）底部非贯通纵筋自梁中心线到跨内的延伸长度 $\geqslant l_0/3$（l_0 基础平板 LPB 的轴线跨度）。

◆**底部贯通纵筋计算**

（1）底部贯通纵筋在基础平板 LPB 内按贯通布置。鉴于钢筋定尺长度的影响，底部贯通纵筋可以在跨中的"底部贯通纵筋连接区"进行连接。

底部贯通纵筋连接区长度＝跨度－左侧延伸长度

（2）当底部贯通纵筋直径不一致时：当某跨底部贯通纵筋直径大于邻跨时，如果相邻板区板底相平，则应在两毗邻跨中配置较小一跨的跨中连接区内进行连接（即配置较大板跨的底部贯通纵筋须越过板区分界线伸至毗邻板跨的跨中连接区域）。

上述规定直接影响了底部贯通纵筋的长度计算。

【实　　例】

【**例 6-3**】　梁板式筏形基础平板 LPB₂ 每跨的轴线跨度为 5000mm，该方向原位标注的基础平板底部附加非贯通纵筋为 B ϕ 20@300(3)，而在该 3 跨范围内集中标注的底部贯通纵筋为 B ϕ 20@300 两端的基础梁 JZL$_1$ 的截面尺寸为 500mm×900mm，纵筋直径为 25mm，基础梁的混凝土强度等级为 C25。求基础平板 LPB$_2$ 每跨的底部贯通纵筋和底部附加非贯通的根数。

【解】

原位标注的基础平板底部附加非贯通纵筋为：B ϕ 20@300(3)，而在该 3 跨范围内集中标注的底部贯通纵筋为 B ϕ 20@300，这样就形成了"隔一布一"的布筋方式。该 3 跨实际横向设置的底部纵筋合计为 B ϕ 20@150。

梁板式筏形基础平板 LPB$_2$ 每跨的轴线跨度为 5000mm，即两端的基础梁 JZL$_1$ 中心线之间的距离为 5000mm，则两端的基础梁 JZL$_1$ 的梁角筋中心线之间的距离为：

$$5000 - 250 \times 2 + 25 \times 2 + (25/2) \times 2 = 4575(mm)$$

所以，底部贯通纵筋和底部附加非贯通纵筋的总根数为：4575/150＝31(根)。

可以这样来布置底部纵筋：底部贯通纵筋为 16 根，底部附加非贯通纵筋为 15 根。

参 考 文 献

［1］ 中国建筑标准设计研究院.混凝土结构施工图平面整体表示方法制图规则和构造详图（现浇混凝土框架、剪力墙、梁、板）(11G101-1）［S］.北京：中国计划出版社，2011.

［2］ 中国建筑标准设计研究院.混凝土结构施工图平面整体表示方法制图规则和构造详图（现浇混凝土板式楼梯）(11G101-2）［S］.北京：中国计划出版社，2011.

［3］ 中国建筑标准设计研究院.混凝土结构施工图平面整体表示方法制图规则和构造详图（独立基础、条形基础、筏形基础及桩基承台）(11G101-3）［S］.北京：中国计划出版社，2011.

［4］ 中国建筑标准设计研究院.混凝土结构施工钢筋排布规则与构造详图（现浇混凝土框架、剪力墙、梁、板）(12G901-1）［S］.北京：中国计划出版社，2012.

［5］ 中国建筑标准设计研究院.混凝土结构施工钢筋排布规则与构造详图（现浇混凝土板式楼梯）(12G901-2）［S］.北京：中国计划出版社，2012.

［6］ 中国建筑标准设计研究院.混凝土结构施工钢筋排布规则与构造详图（独立基础、条形基础、筏形基础、桩基承台）(12G901-3）［S］.北京：中国计划出版社，2012.

［7］ 国家标准.混凝土结构设计规范（GB 50010—2010）［S］.北京：中国建筑工业出版社，2010.

［8］ 国家标准.建筑抗震设计规范（GB 50011—2010）［S］.北京：中国建筑工业出版社，2010.

［9］ 上官子昌.11G101图集应用——平法钢筋下料［M］.北京：中国建筑工业出版社，2013.